もくじ

森の学校で
魔法を学ぶ
仲間たち

リンゴ先生

勉強と魔法を
教えてくれる森の
学校の先生。
法を使って
どろかすことも。

フクちゃん

ゲームが大好きな
フクロウの男の子。
ミミちゃんと仲よしで
サッカーが得意。

ミミちゃん

ミミズクの女の子。
音楽が好きで
歌とピアノが上手。
夢は歌手になること。

ビッキー

運動は得意だけど、
あわてんぼうで
すぐに失敗する。
勉強が苦手。

リンダ

やさしくてみんなの
おねえさんみたい。
本を読むのと
絵を描くのが好き。

ノンタ

いっしょにいると楽しい
みんなの人気者。
食べることばかり考えている。
ラーメンとあんパンが大好き。

本シリーズの特長と使い方（学習のめやす）

スモールステップで段階的に数の世界に親しめます。

同じような問題でも、問われ方や答え方の難易度が徐々に上がるスモールステップ方式を取り入れています。子ども自身が「できた」と実感できる小さな成功体験を積み重ねることで、学習意欲がわいてきます。また、無理なく学習を進めることができるので、知らず知らずのうちに数の理解が深まり算数の力がつきます。

スパイラル方式で先取り学習や振り返り学習が可能です。

始めは1～5までの数を理解し、次は同じ方法で6～10までの数を理解します。一貫した内容を螺旋階段を上がるようにレベルアップしながら身につけていきます。だから、できるようになればどんどん先のステップに、難しく感じたり振り返りをしたいときは前のステップにと、状況に応じてきめ細かな学習が可能です。

毎日２～3ページ、無理なく進めましょう。

１日の学習のめやすは２～3ページずつ。問題を声に出して読んでから、答えを言ったり書いたりしましょう。ただ数を数えたり、数字の練習をしたりしても、算数の基礎となる力をつけることはできません。

言葉の意味を知りながら語彙を増やしていくように、数のしくみを理解しながら算数の世界に親しんでいきましょう。そのためには、早く先に進もうと焦らず、しっかり内容をマスターしながら進むようにしてください。

１日の学習が終わったら、裏表紙にある学習カレンダーに「できたよシール」を貼ってください。すべてのステップの学習を終えて、カレンダーがシールでいっぱいになるまでがんばりましょう。

1から　5までを　かぞえよう

がつ
にち

いちごと　バナナの　かずを　かぞえて、　すうじを　こえに　だして
いいましょう。

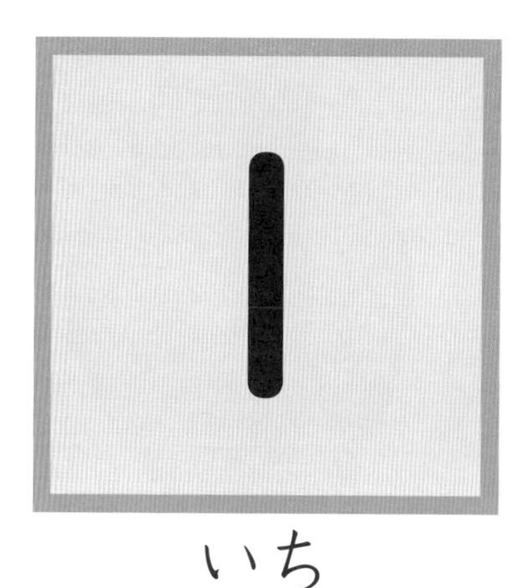

いち

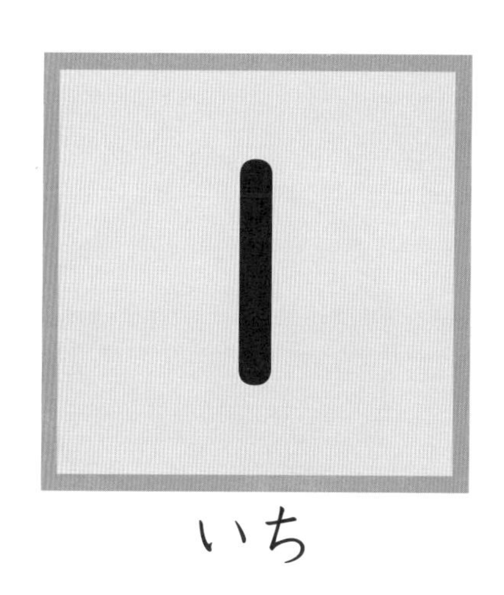

いち

バナナと　いちごは　おなじ　かずですか。おなじ
かずの　ときは ☆ に　いろを　ぬりましょう。

おうちの方へ

5までの数の練習です。具体物を数えて、その数を数字で表すことから学習を始めます。いちごが1個でも、バナナが1本でも、数字に表すと「1」です。くり返し☆に色を塗らせることで子ども自らそのことを発見するようにします。ものの数を数えられるようになれば、それがどのようなものでも数字で表すことができるのだと体験的に理解していきましょう。

1から 5までを かぞえよう

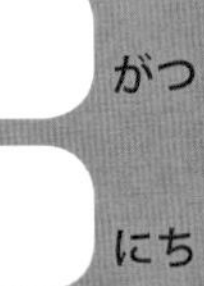

いちごと ももの かずを かぞえて、 すうじを こえに だして
いいましょう。

に

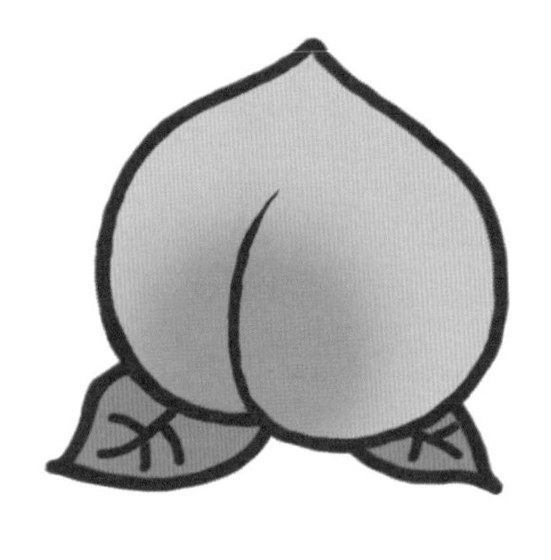

に

ももと いちごは おなじ かずですか。おなじ
かずの ときは ☆ に いろを ぬりましょう。

1から 5までを かぞえよう

がつ

にち

いちごと ピーマン(ぴいまん)の かずを かぞえて、 すうじを こえに だして いいましょう。

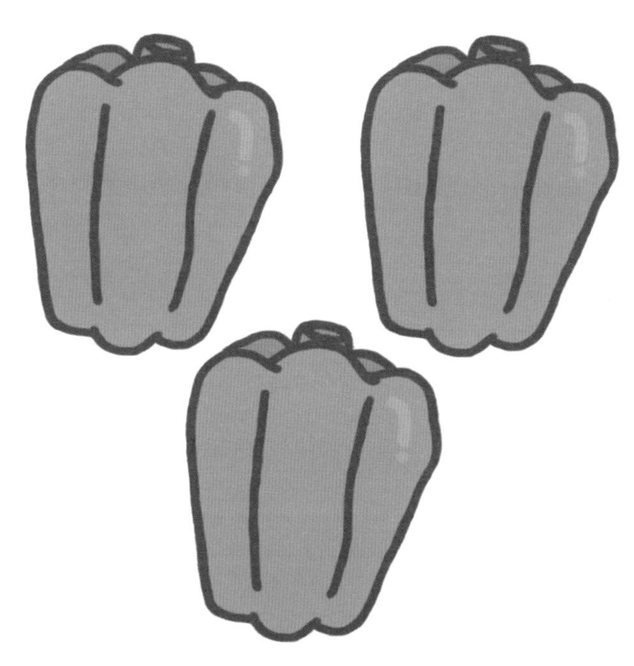

ピーマン(ぴいまん)と いちごは おなじ かずですか。おなじ かずの ときは ☆ に いろを ぬりましょう。

1から 5までを かぞえよう

がつ

にち

いちごと いぬの かずを かぞえて、 すうじを こえに だして
いいましょう。

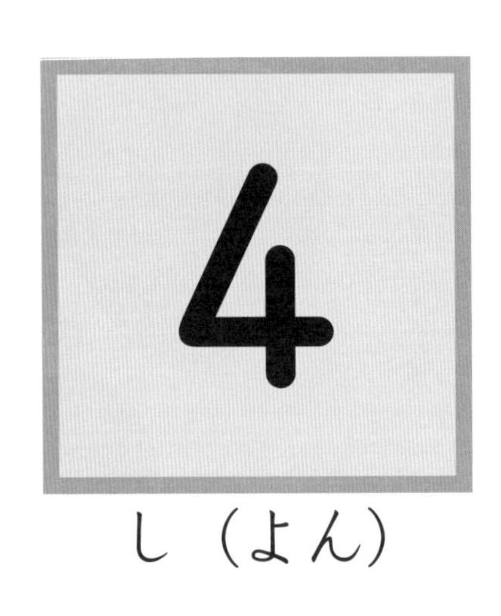

いぬと いちごは おなじ かずですか。おなじ
かずの ときは ☆ に いろを ぬりましょう。

おうちの方へ

ここまでは、いちごと比べて数える具体物はくだものから野菜に変わりましたが、どれも「個」と数える物です。ここでは比べる具体物は動物で「匹」と数えます。次に学習する具体物は車です。数え方は「台」となり、無生物です。このように、数え方が変わっても、無生物の物であっても、同じ数であるということを、捉えられるようになりましょう。

1から 5までを かぞえよう

がつ にち

いちごと くるまの かずを かぞえて、 すうじを こえに だして いいましょう。

ご

ご

くるまと いちごは おなじ かずですか。おなじ かずの ときは ☆ に いろを ぬりましょう。

1から 5までを かぞえよう

がつ
にち

ひだりの　はこの　なかの
あんパン（ぱん）の　ほうが　おおく　みえるよ。
おおきいし、まんなかに　あるし。

ちゃんと
かずを
かぞえないと
だめよ。

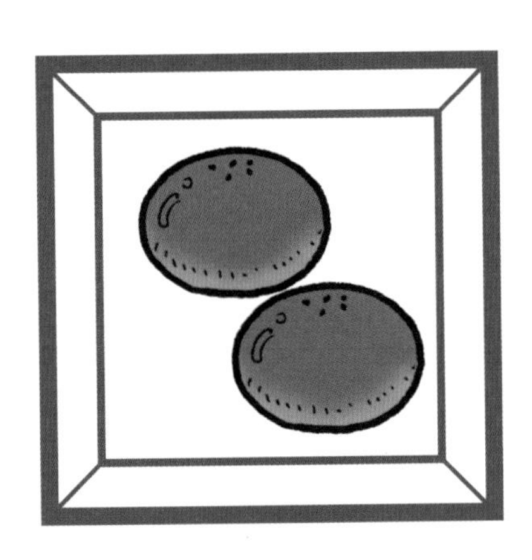

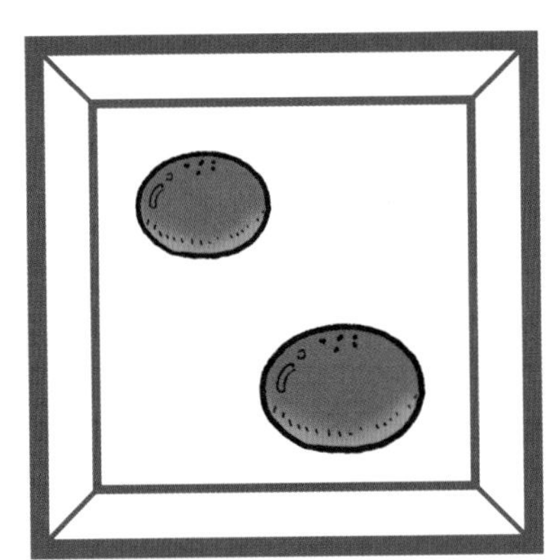

はこの　なかの
あんパン（ぱん）の　かずは
おなじですよ。

はこの　なかに　ものは　なんこ　ありますか。かずを　かぞえて、こえに
だして　いいましょう。

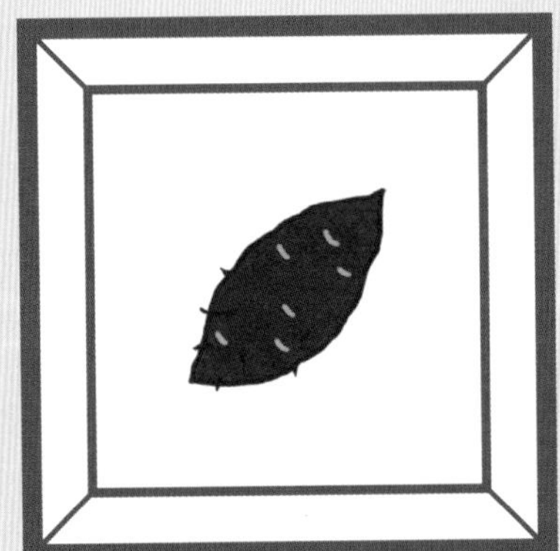

おうちの方へ

ものの種類や大きさ、並び方が変わっても、数が一つならば、数字で書くと「1」です。具体的に数えられるものであれば、友達一人でも「1」、リンゴが一つでも同じ「1」です。大人には当たり前に感じられるこのことが、幼児には理解しにくいものです。数と数字の役割と関係性を少しずつ理解していくことが目標です。

1から 5までを かぞえよう

がつ
にち

はこの なかに みかんは なんこ ありますか。かずを かぞえて、こえに だして いいましょう。

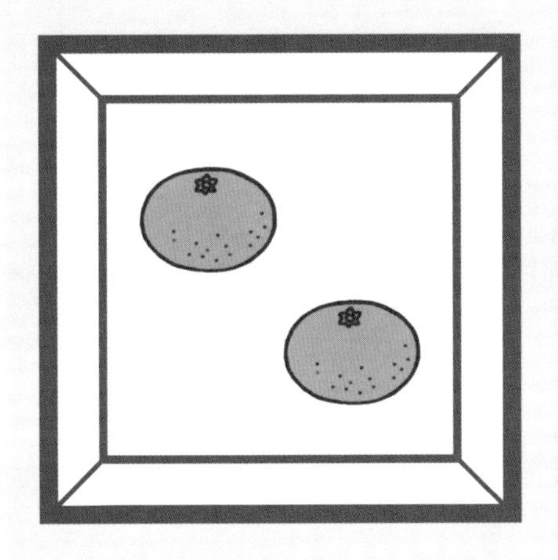

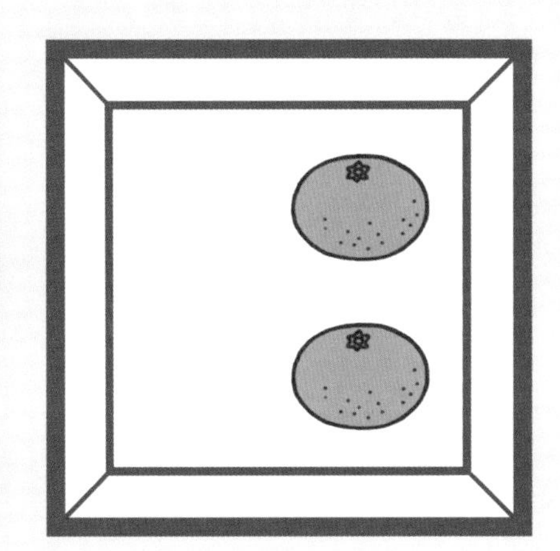

はこの なかに ケーキ(けえき)は なんこ ありますか。かずを かぞえて、こえに だして いいましょう。

1から 5までを かぞえよう

がつ　にち

さくの　なかに　にわとりは　なんわ　いますか。
かずを　かぞえて、 こえに　だして　いいましょう。

すいそうの　なかに　きんぎょは　なんびき　いますか。
かずを　かぞえて、 こえに　だして　いいましょう。

1から 5までを かぞえよう

がつ

にち

かずを かぞえて、 おなじ かずだけ おはじきシールを □ に はりましょう。

おうちの方へ

具体物の数を数えたら、同じ数だけおはじきのシールを貼ります。「いちご」や「ニンジン」など、体験的に理解できる具体物を、おはじきという半具体物に置き換えることで、数を客観的に捉えるトレーニングになります。また、いったん半具体物に置き換えるのは、数を具体物なしで認識できるようになるための橋渡しです。

1から　5までを　かぞえよう

がつ

にち

かずを　かぞえて、　おなじ　かずだけ　おはじきシールを　□　に　はりましょう。

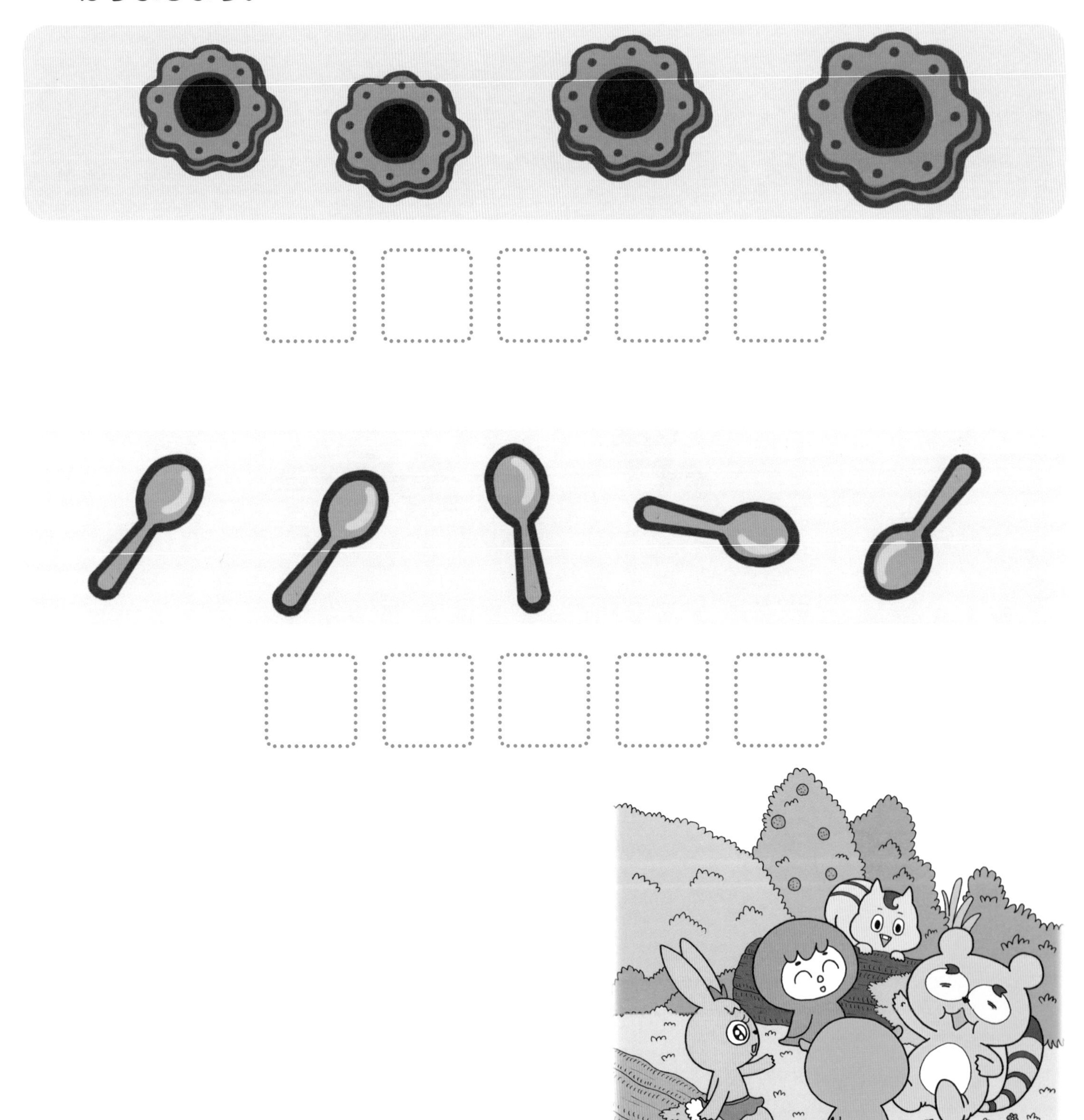

1から 5までを かぞえよう

がつ

にち

はこの　なかの　おはじきを　かぞえて、 かずと　おなじ　すうじを
ゆびさしましょう。

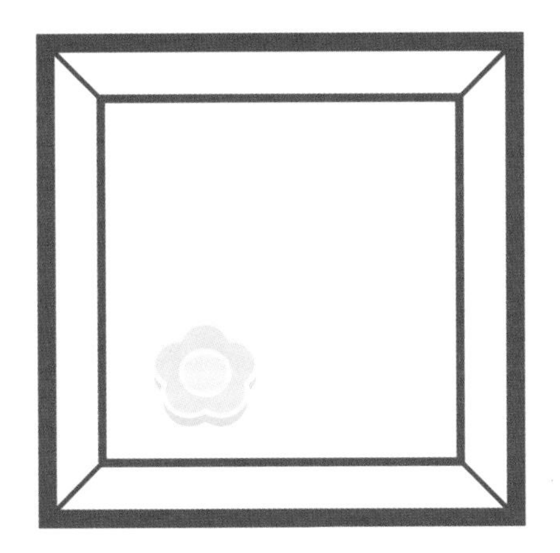
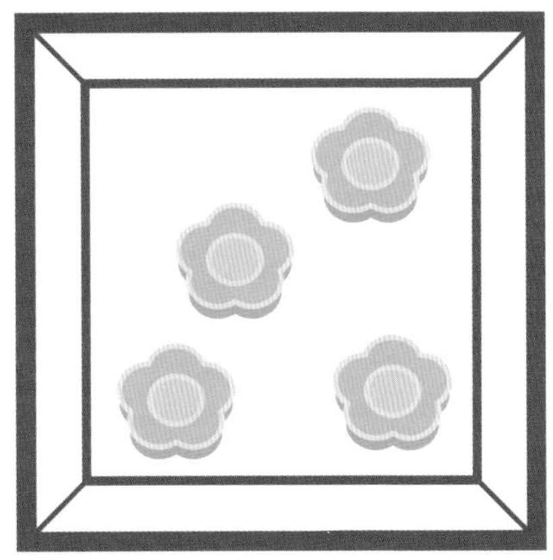
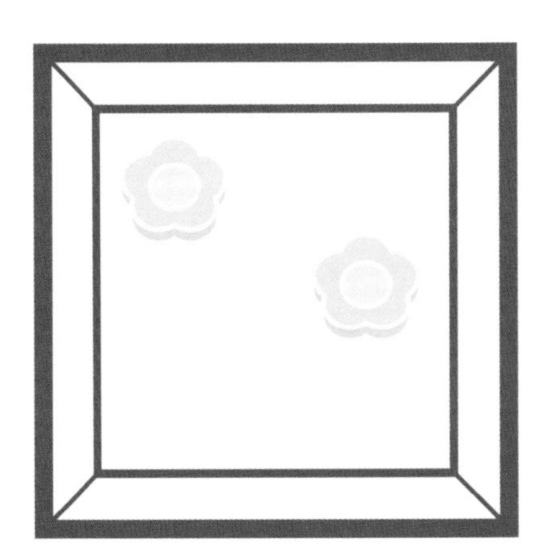

2

4

おうちの方へ

おはじきの数を数えて、それに一致する数字を答えます。半具体物の数と、記号である数字を結びつけることで、より数という抽象的な概念を理解できるようになることが目的です。

1から 5までを かぞえよう

がつ

にち

はこの なかの おはじきを かぞえて、 かずと おなじ すうじを ゆびさしましょう。

5　3　4

1から 5までを かぞえよう

がつ

にち

おはじきシールを　えの　うえに　はりながら、 かずを　かぞえましょう。
おはじきと　おなじ　かずの　すうじを　ゆびさしましょう。

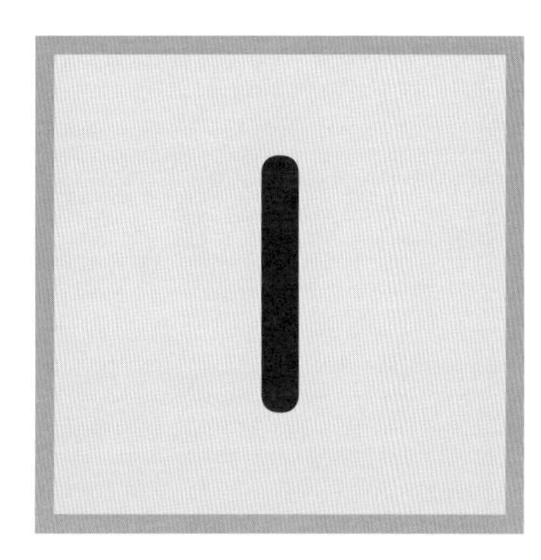

おうちの方へ

食べ物や乗り物などの具体物をおはじきに置き換え、さらにおはじきの数を数字に置き換える練習です。頭の使い方が具体から抽象へと、より高度になっていきます。このような作業を繰り返すことが、算数・数学的なものの捉え方をする土台になります。

1から 5までを かぞえよう

がつ　にち

おはじきシールを　えの　うえに　はりながら、かずを　かぞえましょう。
おはじきと　おなじ　かずの　すうじを　ゆびさしましょう。

1から 5までを かぞえよう

がつ

にち

むしの なかまを
○で かこんで、
かずを かぞえましょう。

むしにも いろいろな
むしが いるんだね。

むしで ない ものは
なかまに ならないわ。

メロン（めろん）を ○で かこんで、 かずを かぞえて いいましょう。

おうちの方へ

同じ具体物や、仲間になる具体物だけを数える練習です。複数のものの集まりの中から、指示されたものを選び、その数を数えられるようになりましょう。また「虫の仲間」や「動物の仲間」など、ものをグループでひとまとまりとして扱えられることを理解するようにしましょう。「具体と抽象」の学習になります。

1から　5までを　かぞえよう

がつ　にち

すいとうを　○で　かこんで、　かずを　かぞえて　いいましょう。

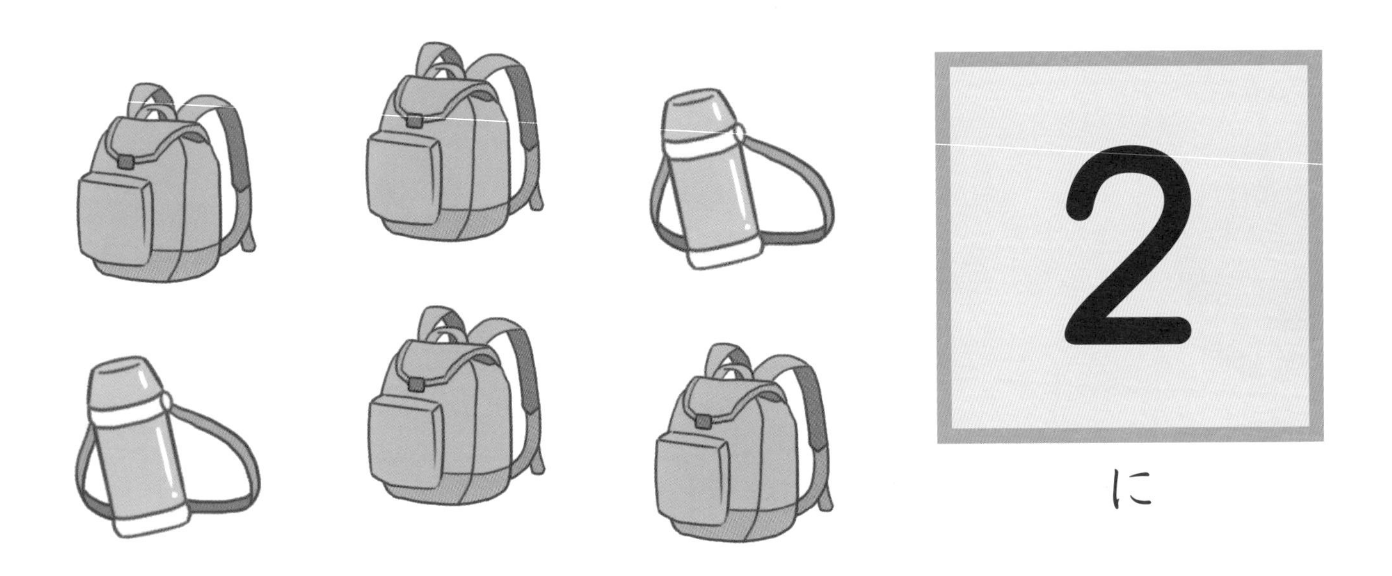

やさいの　なかまを　○で　かこんで、　かずを　かぞえて　いいましょう。

1から　5までを　かぞえよう

がつ

にち

どうぶつの　なかまを　○で　かこんで、　かずを　かぞえて
いいましょう。

あんパン（ぱん）を　○で　かこんで、　かずを　かぞえて　いいましょう。

めいろ①

みちに　ちょうが　5ひき　いるよ。かぞえながら　ゴール（ごうる）まで　いこう。

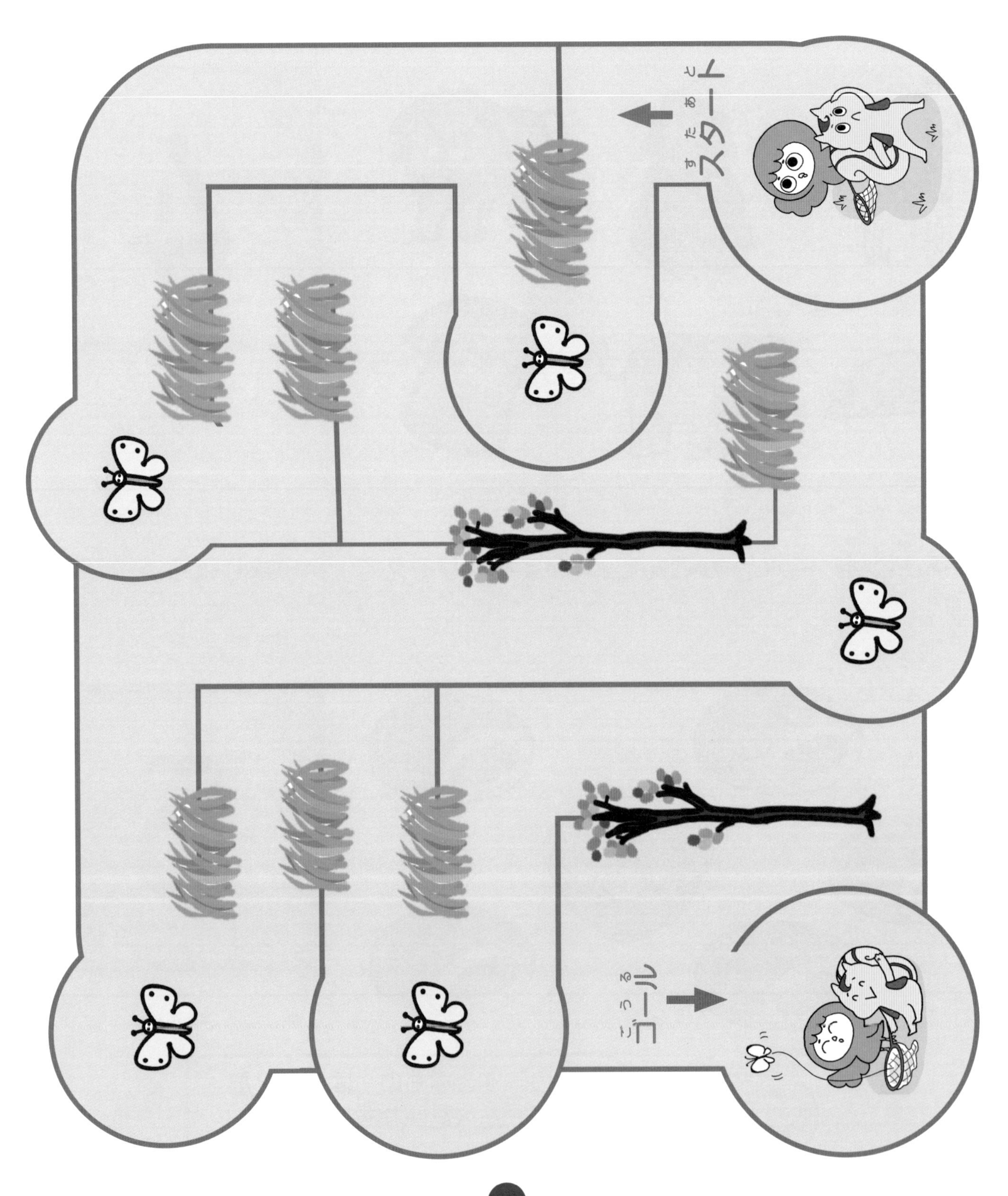

6から 10までを かぞえよう

がつ　にち

いちごと　メロンの　かずを　かぞえて、すうじを　こえに　だして
いいましょう。

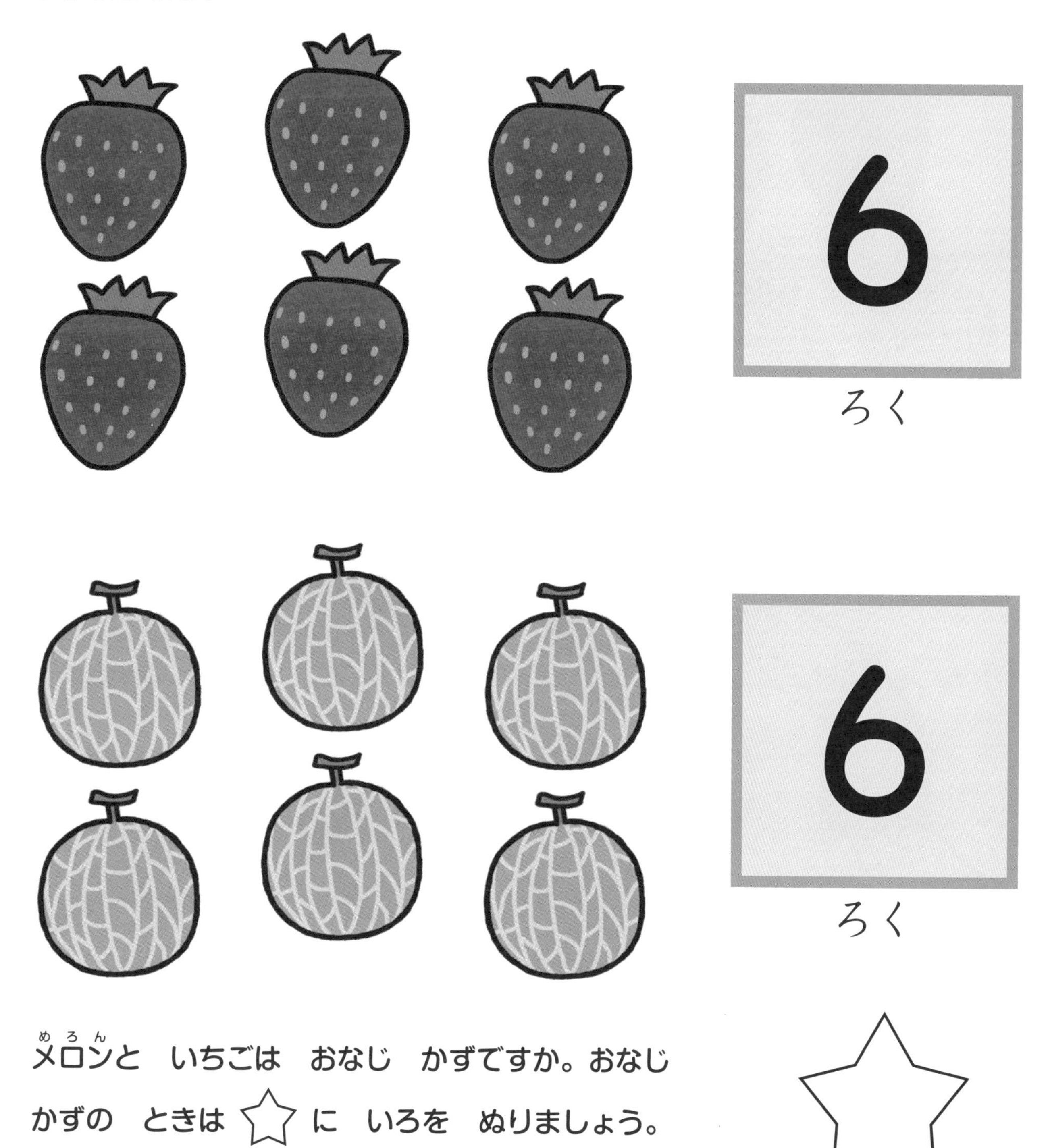

メロンと　いちごは　おなじ　かずですか。おなじ
かずの　ときは　☆　に　いろを　ぬりましょう。

おうちの方へ

１０までの数の練習です。５までの数と同様に、具体物を数えて、その数を数字で表します。いちごが６個でも、メロンが６個でも、数字に表すと「６」であることを理解しましょう。また、１０までのものの数を数えて、数字で表すことに慣れていきましょう。

6から　10までを　かぞえよう

がつ　にち

いちごと　だいこんの　かずを　かぞえて、すうじを　こえに　だして　いいましょう。

しち（なな）

しち（なな）

だいこんと　いちごは　おなじ　かずですか。おなじ　かずの　ときは ☆ に　いろを　ぬりましょう。

6から 10までを かぞえよう

がつ にち

いちごと ゼリー（ぜりい）の かずを かぞえて、 すうじを こえに だして いいましょう。

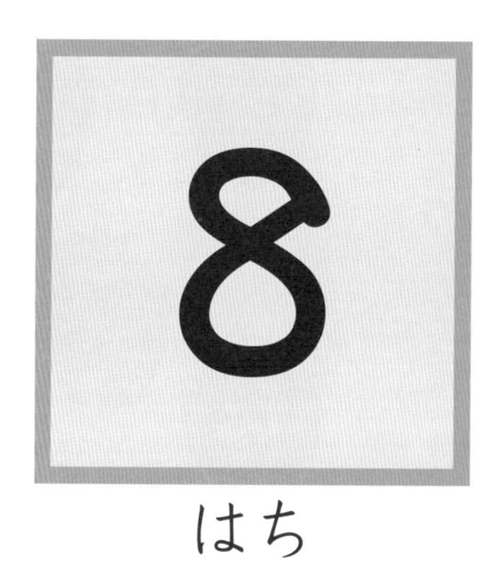

はち

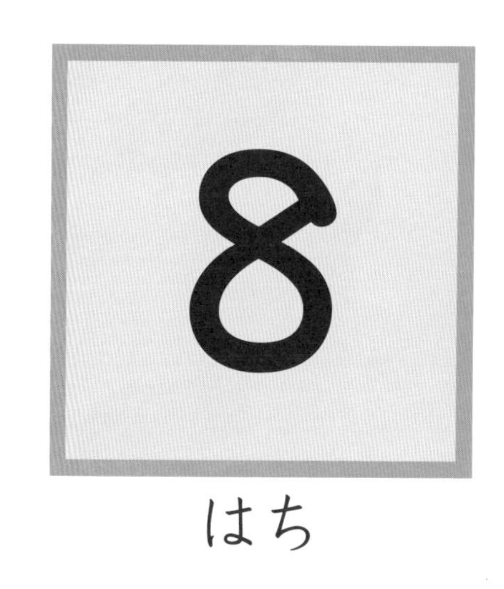

はち

ゼリー（ぜりい）と いちごは おなじ かずですか。おなじ かずの ときは ☆ に いろを ぬりましょう。

6から 10までを かぞえよう

がつ

にち

いちごと カブトムシの かずを かぞえて すうじを こえに だして いいましょう。

く（きゅう）

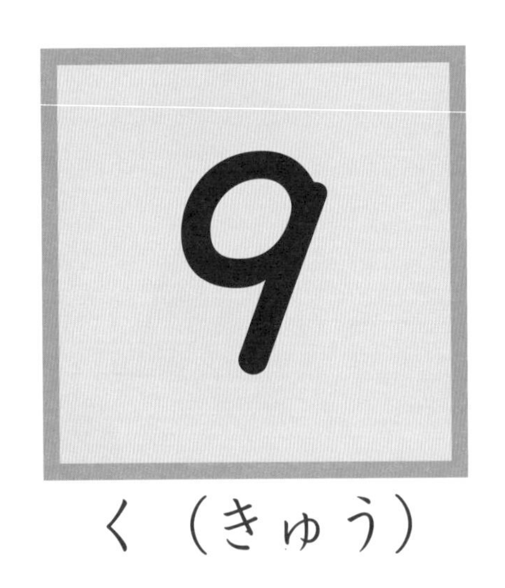

く（きゅう）

カブトムシと いちごは おなじ かずですか。おなじ かずの ときは ☆ に いろを ぬりましょう。

6から 10までを かぞえよう

がつ

にち

いちごと かばんの かずを かぞえて、 すうじを こえに だして
いいましょう。

じゅう

じゅう

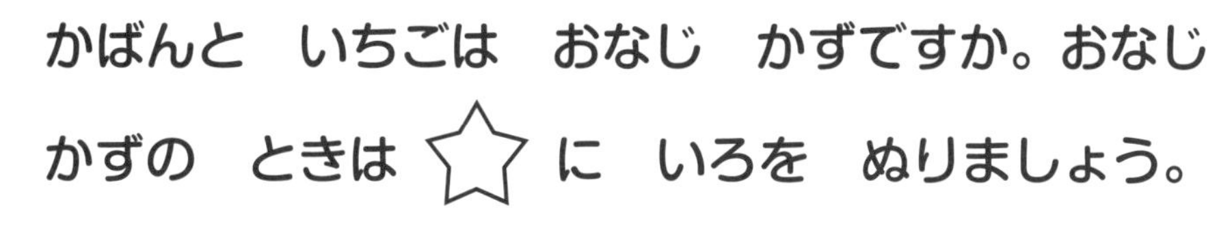

6から 10までを かぞえよう

がつ

にち

はこの　なかに　キャベツ（きゃべつ）は　なんこ　ありますか。
かずを　かぞえて、　こえに　だして　いいましょう。

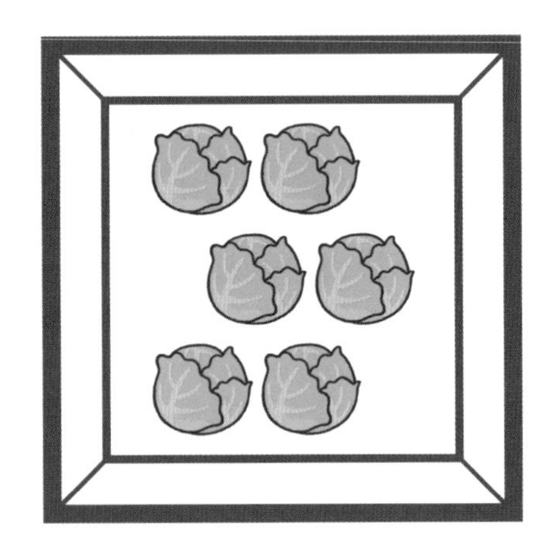
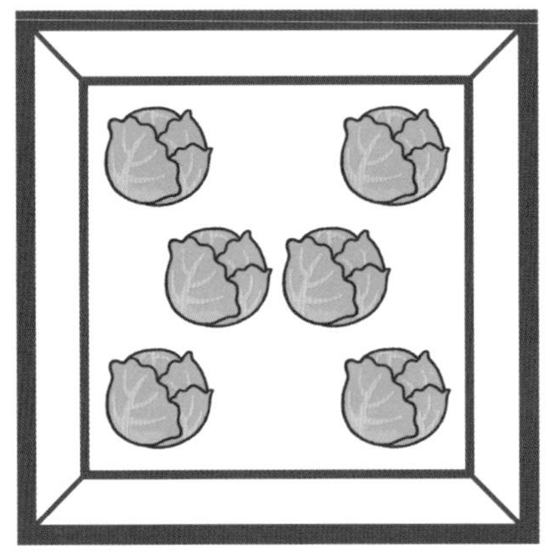
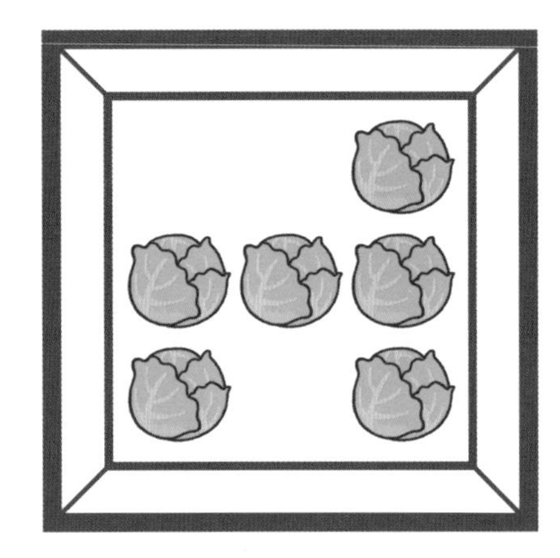

はこの　なかに　けしゴム（ごむ）は　なんこ　ありますか。
かずを　かぞえて、　こえに　だして　いいましょう。

おうちの方へ

６から１０までの数に習熟していきましょう。具体物を数えて６ならば、ものの並び方や大きさに関係なく、数で表すと「６」です。このことをきちんと理解できるようになりましょう。また、たくさんのものを数えるときは、１つずつ印をつけて数えるようにします。

6から　10までを　かぞえよう

がつ
にち

かだんの　なかに　チューリップは　なんぼん　ありますか。
かずを　かぞえて、こえに　だして　いいましょう。

いけの　なかに　めだかは　なんびき　いますか。
かずを　かぞえて、こえに　だして　いいましょう。

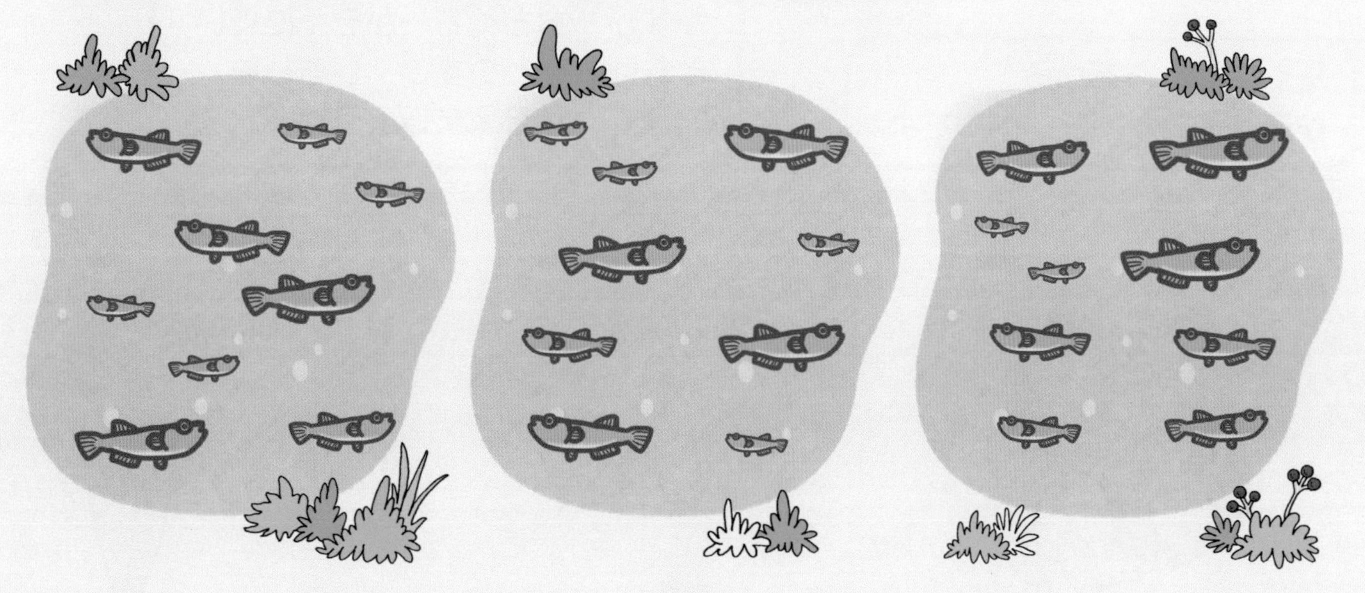

6から 10までを かぞえよう

がつ
にち

とりかごの　なかに　オウム（おうむ）は　なんわ　いますか。
かずを　かぞえて、 こえに　だして　いいましょう。

たくさん　いるから
かぞえるのが　たいへんだよ。

かずが　おおくて　かぞえにくい
ときは　ひとつずつ　しるしを
つけて　かぞえましょうね。

6から　10までを　かぞえよう

がつ　にち

かずを　かぞえて、　おなじ　かずだけ　おはじきシール（しいる）を　□　に
はりましょう。

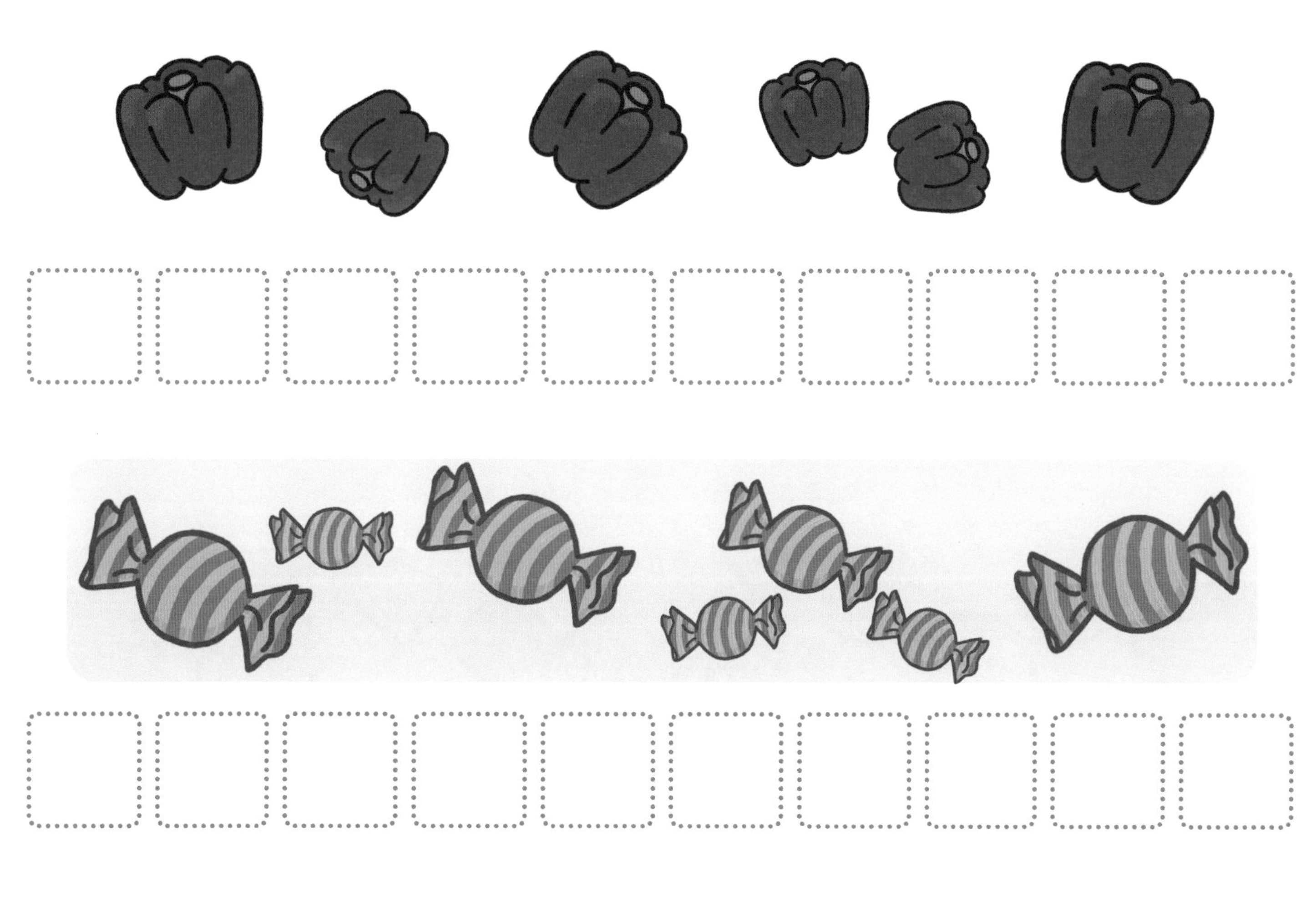

おうちの方へ

ステップ2同様、具体物をおはじきに置き換えて数を捉える練習です。おはじきを貼るシールの枠は全部で10になっています。5より大きな数を、並んだおはじきのシールで視覚的にも認識するようにしましょう。7は6より数が多いこと、8は7より数が多いことなど、シール遊びを通して数に慣れていきましょう。

6から 10までを かぞえよう

がつ
にち

かずを　かぞえて、 おなじ　かずだけ　おはじきシール(しいる)を □ に
はりましょう。

6から 10までを かぞえよう

がつ

にち

はこの　なかの　おはじきを　かぞえて、 かずと　おなじ　すうじを
ゆびさしましょう。

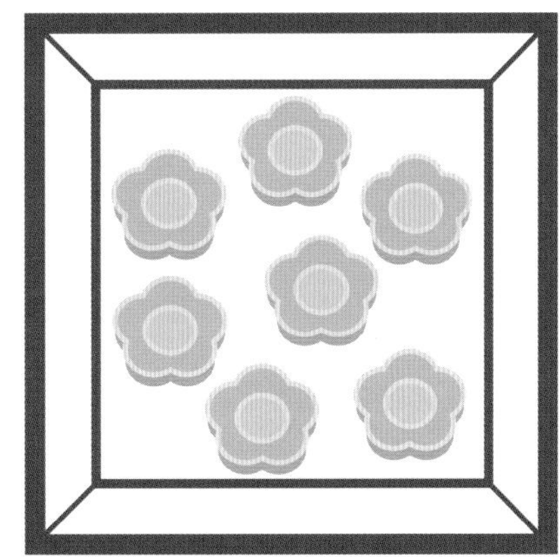

9

おうちの方へ

おはじきの数を数えて、それと一致する数字を答えます。ステップ２－３、ステップ２－４と同様に、半具体物の数と記号である数字を結びつけることで、より数という抽象的な概念を理解できるようなることが目的です。おはじきの数が多いので、丁寧に数えるようにしましょう。

6から 10までを かぞえよう

がつ

にち

はこの　なかの　おはじきを　かぞえて、 かずと　おなじ　すうじを
ゆびさしましょう。

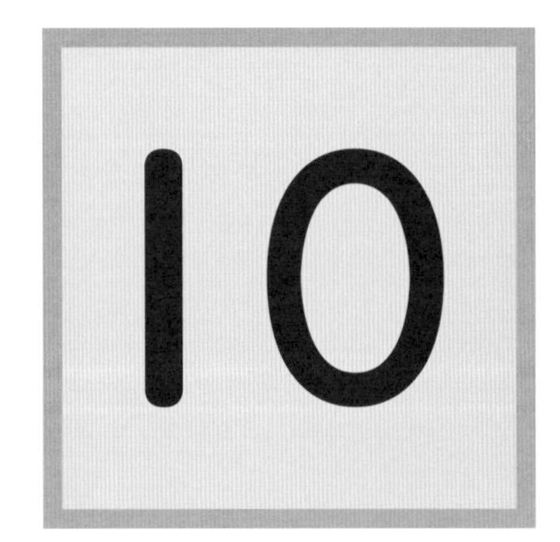

6から 10までを かぞえよう

がつ

にち

おはじきシール(しいる)を　えの　うえに　はりながら、 かずを　かぞえましょう。
おはじきと　おなじ　かずの　すうじを　ゆびさしましょう。

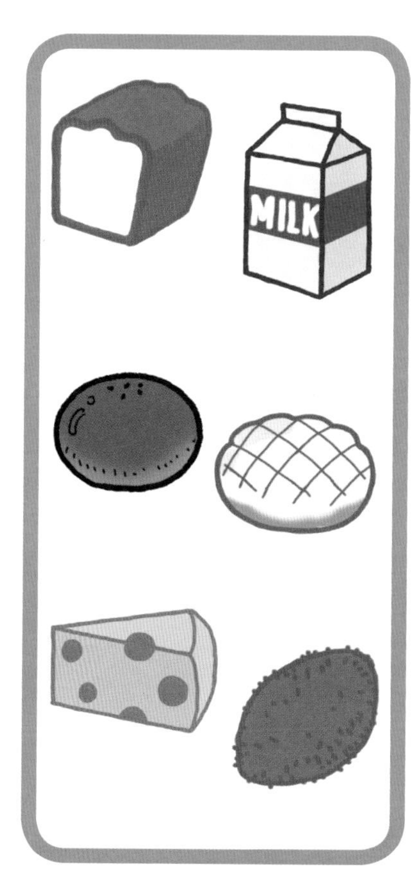

おうちの方へ

具体物をおはじきに置き換え、さらにその数を数字に置き換える練習です。具体物を半具体物にすることで、動物が１匹、２匹…と数えるのではなく、ものを抽象的に捉えて数え、数字に置き換えることができることを理解していきましょう。

6から 10までを かぞえよう

がつ

にち

おはじきシール(しいる)を　えの　うえに　はりながら、 かずを　かぞえましょう。
おはじきと　おなじ　かずの　すうじを　ゆびさしましょう。

10	7	8

めいろ②

おかしが　6つ　おかれた　おさらを　たどって、ゴールまで
いきましょう。

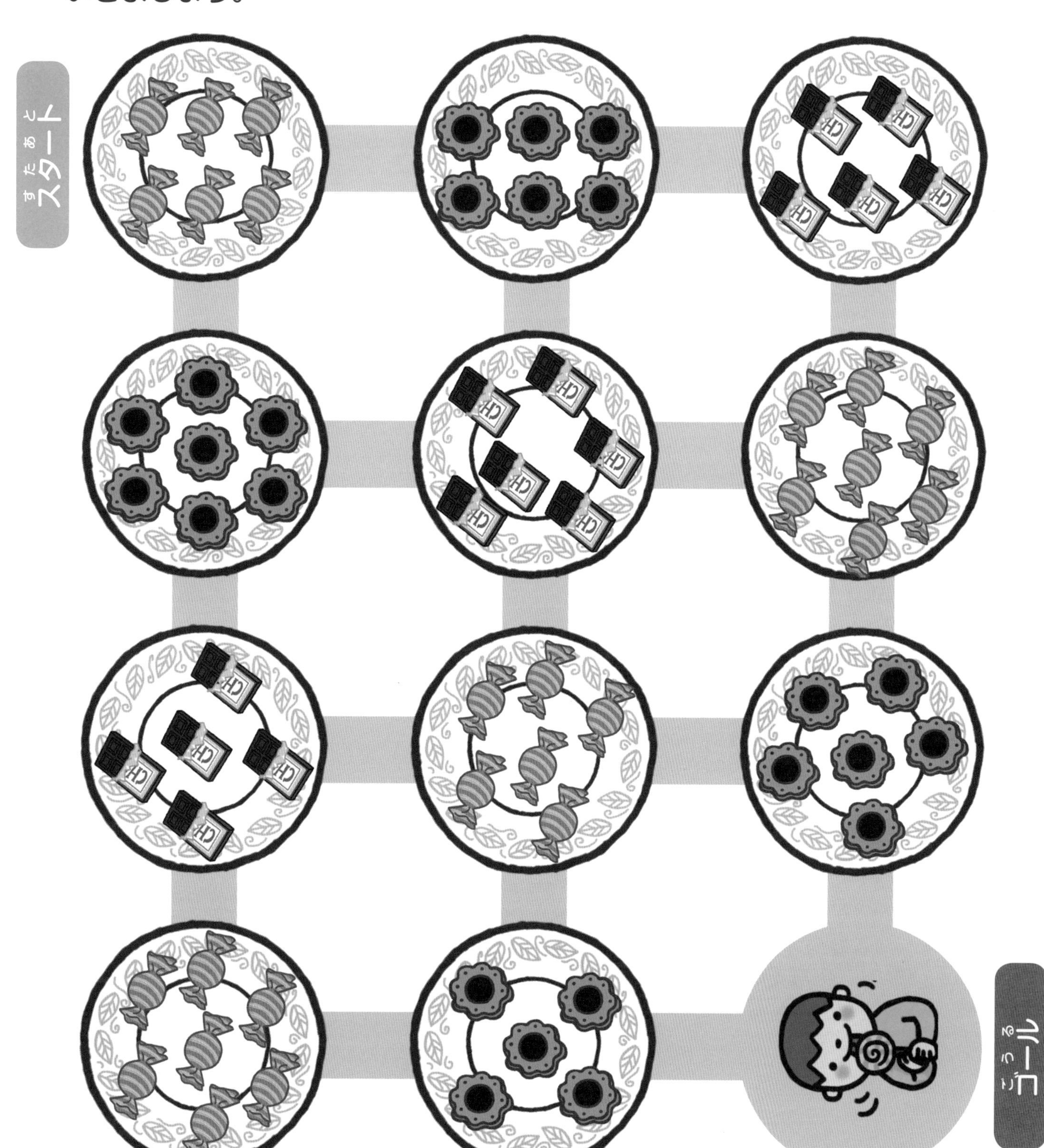

すうじを　かいて　みよう

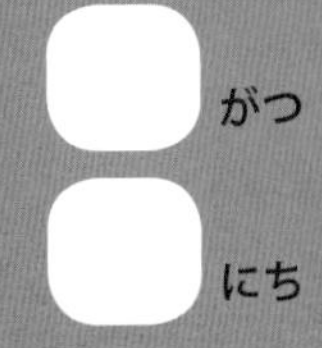

きんぎょは　なんびき　いますか。おなじ　かずの　すうじを　はじめは　ゆびで　なぞりましょう。つぎに　ゆびで　なぞった　すうじを　えんぴつか　クレヨン（くれよん）で　なぞって　かきましょう。

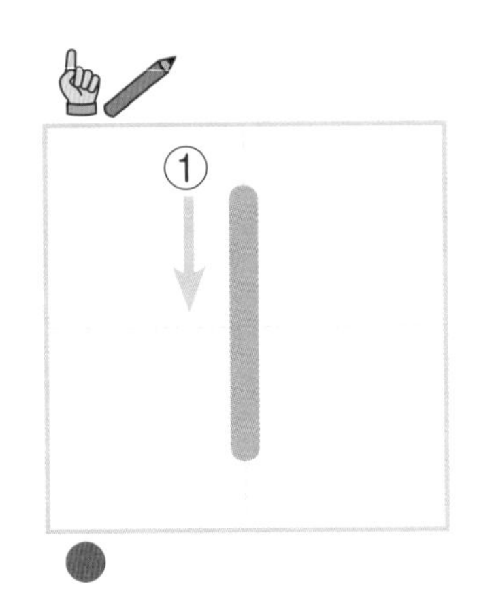

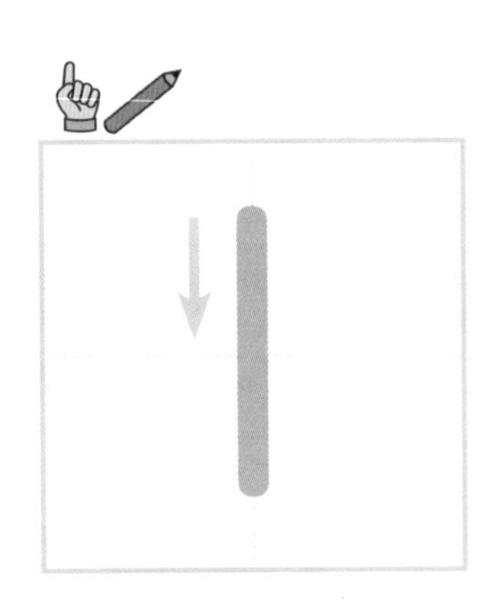

やじるしの　むきに
なぞってね。

1も　2も
1かいで　かくのよ。

おうちの方へ　数字を書く練習です。はじめは指でなぞって、どのような形でどんな書き方をするのかを捉えるようにします。実際に鉛筆などでなぞるときは、ゆっくりでよいので丁寧に書くようにしましょう。

すうじを　かいて　みよう

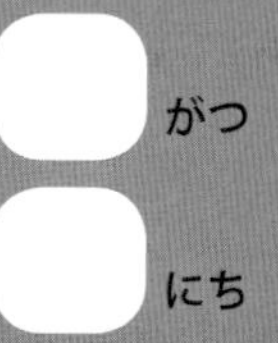

はっぱは　なんまい　ありますか。おなじ　かずの　すうじを　はじめは　ゆびで　なぞりましょう。つぎに　ゆびで　なぞった　すうじを　えんぴつかクレヨン（くれよん）で　なぞって　かきましょう。

すうじを　かいて　みよう

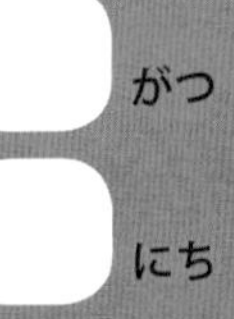

かさは　なんぼん　ありますか。おなじ　かずの　すうじを　はじめは　ゆびで　なぞりましょう。つぎに　ゆびで　なぞった　すうじを　えんぴつか　クレヨン(くれよん)で　なぞって　かきましょう。

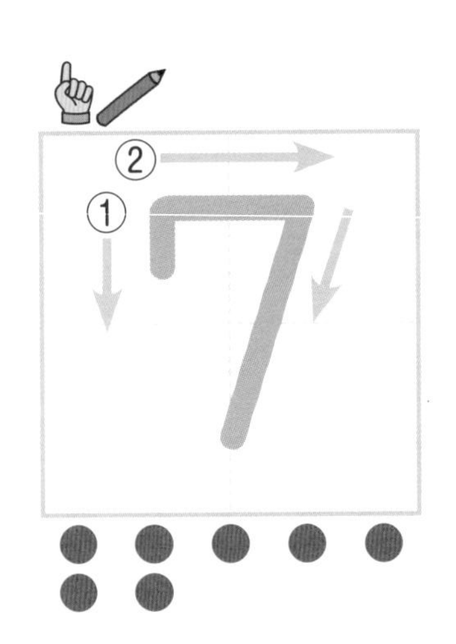

すうじを　かいて　みよう

がつ　にち

はとは　なんわ　いますか。おなじ　かずの　すうじを　はじめは　ゆびで　なぞりましょう。つぎに　ゆびで　なぞった　すうじを　えんぴつか　クレヨン（くれよん）で　なぞって　かきましょう。

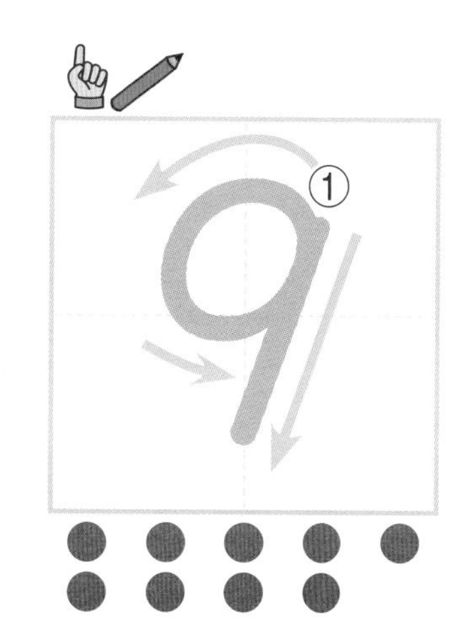

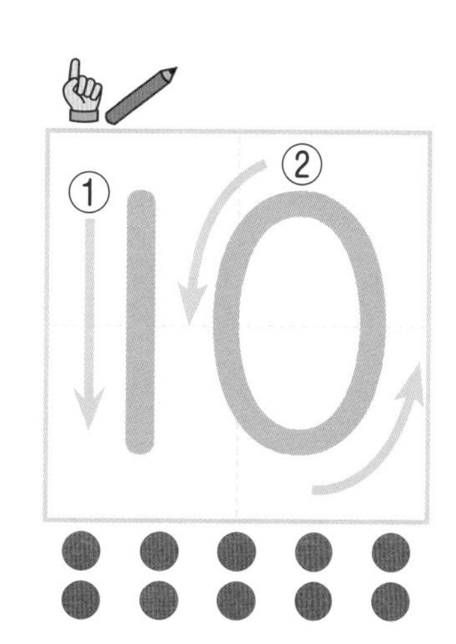

9は　まるく　かいてから　まっすぐの
せんを　かくのよ。

すうじを　かいて　みよう

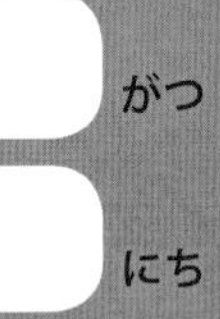

おはじきは　なんこ　ありますか。

おなじ　かずの　すうじを　さいしょは　ゆびと　えんぴつで　なぞって　かきましょう。

つぎに　●　の　ところから　すうじを　じぶんで　かきましょう。

なぞりましょう。

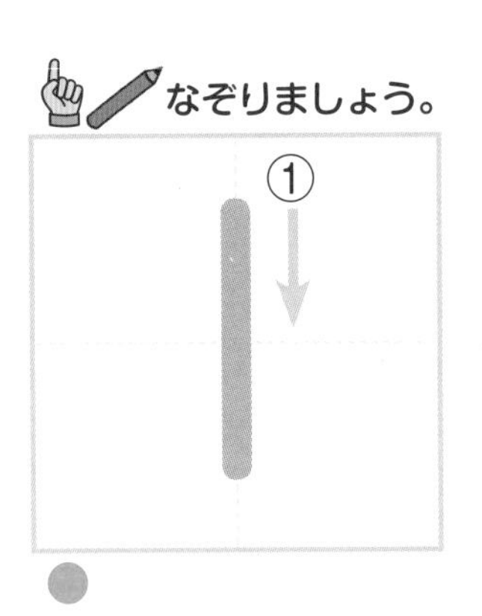

かきましょう。

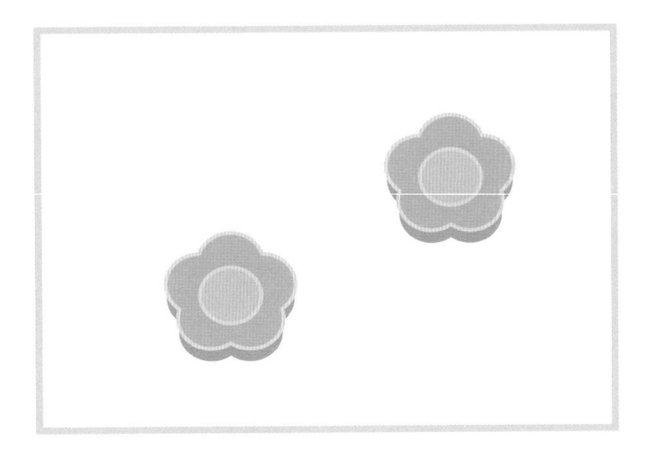

なぞりましょう。

かきましょう。

なぞりましょう。

かきましょう。

おうちの方へ

数字のなぞり書きをした後、自分で数字を書く練習をします。始点の位置に鉛筆を置いたら、形に注意しながらゆっくり書きましょう。丁寧に数字を書く習慣をつけることは、筆算での計算間違いを防ぐなど、これからの算数学習に必ず役立ちます。

すうじを　かいて　みよう

がつ　にち

おはじきは　なんこ　ありますか。
おなじ　かずの　すうじを　さいしょは　ゆびと　えんぴつで　なぞって　かきましょう。
つぎに　●　の　ところから　すうじを　じぶんで　かきましょう。

なぞりましょう。

かきましょう。

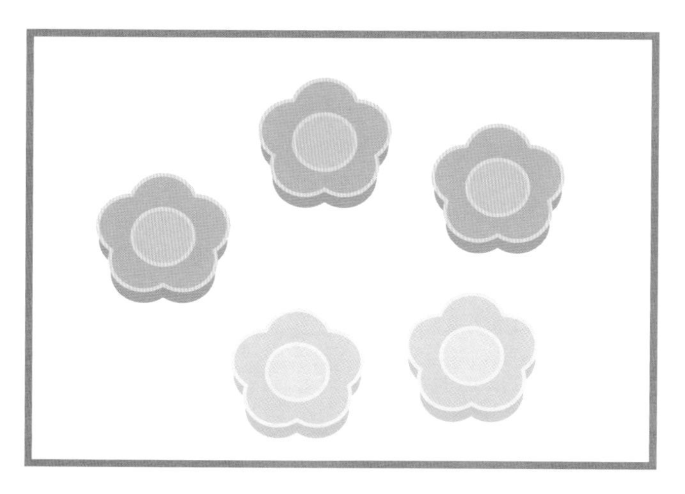

なぞりましょう。

かきましょう。

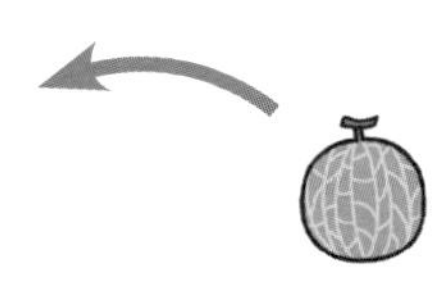

すうじを　かいて　みよう

がつ　にち

おはじきは　なんこ　ありますか。
おなじ　かずの　すうじを　さいしょは　ゆびと　えんぴつで　なぞって　かきましょう。
つぎに　●　の　ところから　すうじを　じぶんで　かきましょう。

なぞりましょう。

かきましょう。

なぞりましょう。

かきましょう。

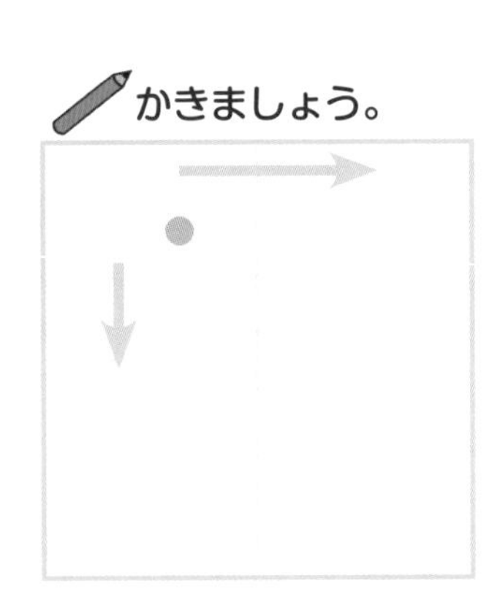

じぐざぐの
せんを
かこう！

すうじを　かいて　みよう

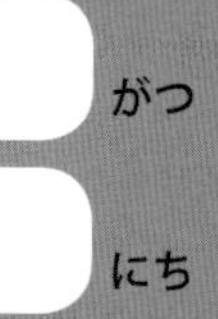

おはじきは　なんこ　ありますか。

おなじ　かずの　すうじを　さいしょは　ゆびと　えんぴつで　なぞって　かきましょう。

つぎに　●　の　ところから　すうじを　じぶんで　かきましょう。

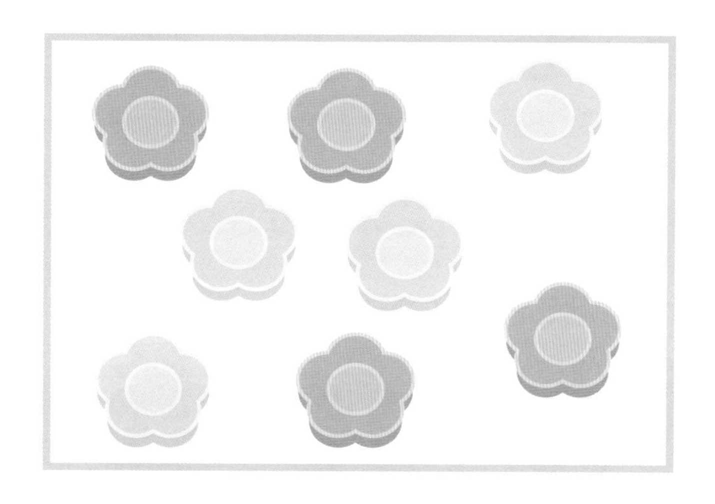

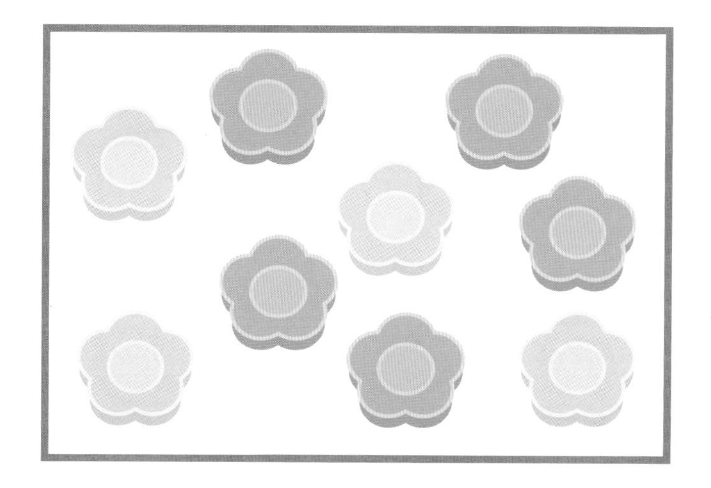

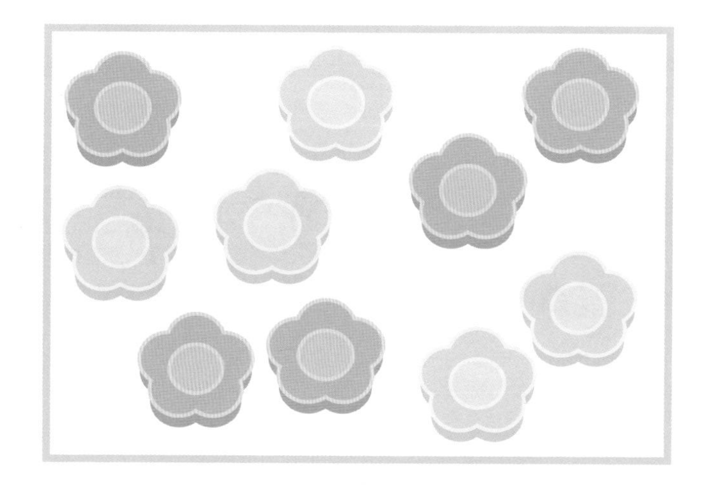

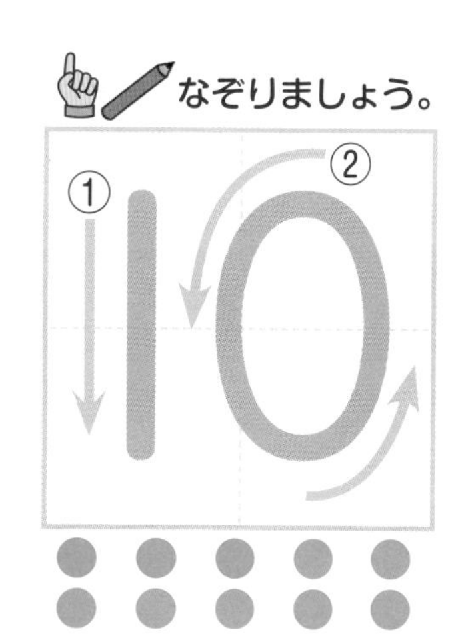

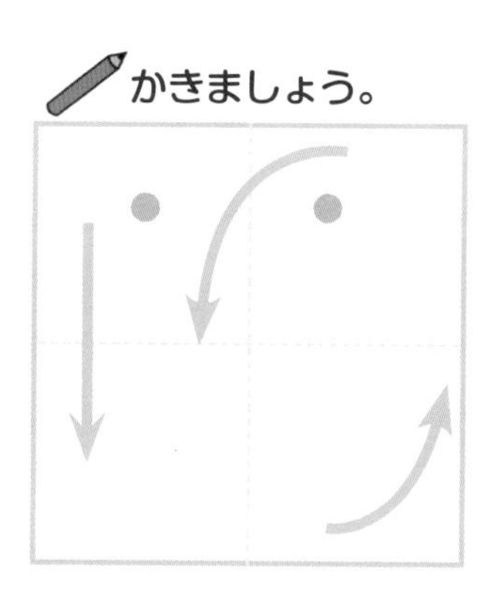

10より　おおきな　かず

がつ　にち

1から　20までの　かずを　かぞえて　みましょう。

10より　おおきく　なっても　つぎの　かずは　1つずつ　ふえます。
10の　つぎの　かずは　11です。11の　つぎの　かずは　12です。
18の　つぎの　かずは　19です。19の　つぎの　かずは　20です。

おおきな　こえで　なんども
かぞえて　れんしゅう　してね！

おうちの方へ

20までの数の学習です。まずは1から20までの数を音読して、並び順を覚えましょう。
10より大きくなっても数は1ずつ増えていき、10の次は11になります。また19の次は20になります。数の並び方と増え方を知っておくことで、十進法が理解しやすくなります。

10より　おおきな　かず

がつ

にち

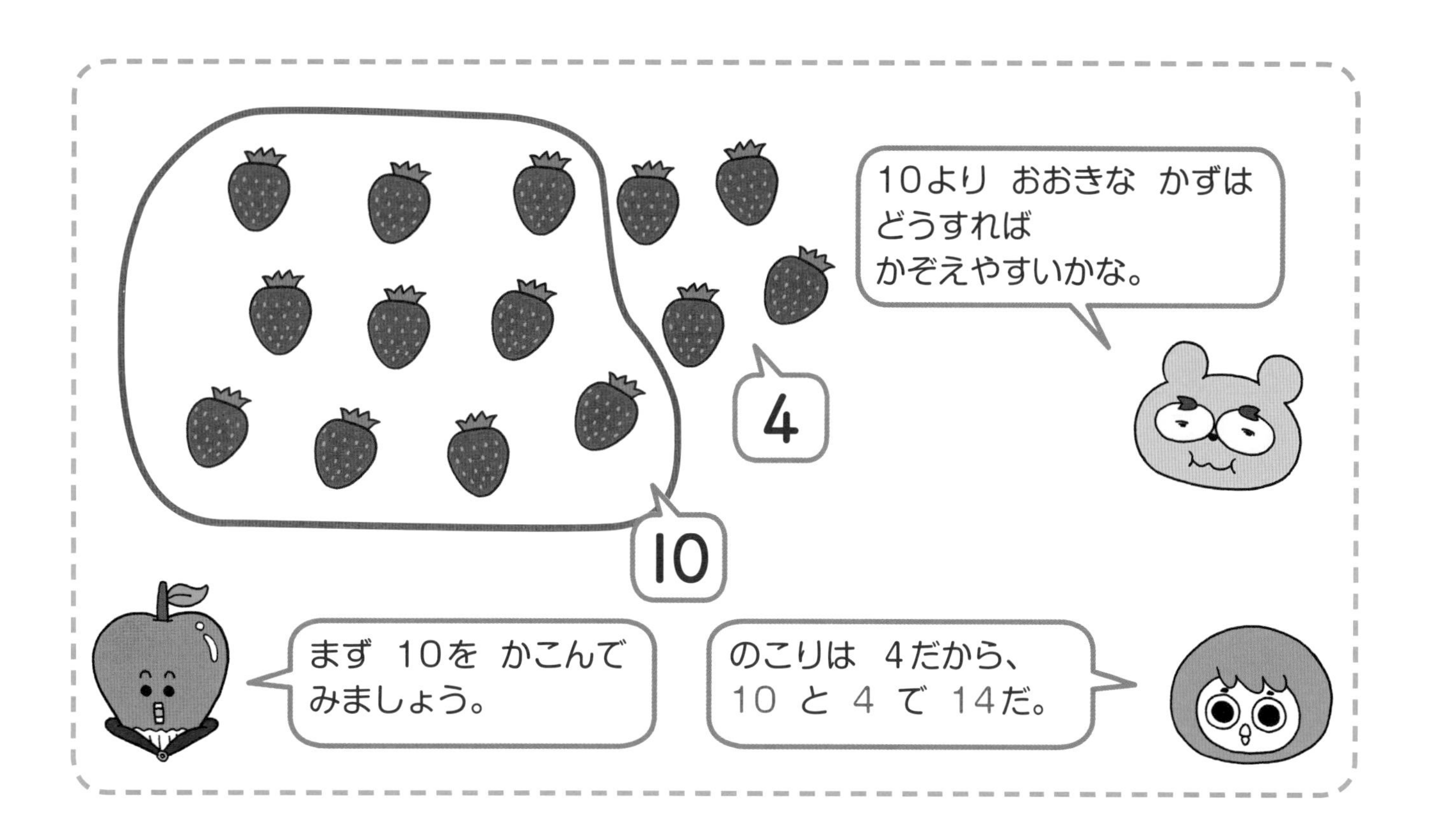

10　かぞえて　○で　かこみましょう。のこりの　かずを　かぞえて、
□に　すうじを　かきましょう。

おうちの方へ

10より大きな数の数え方、表し方を学習します。具体物を数えて、10まで数えたら、そこで囲んでしまいましょう。その後、残りを数えます。10と1なら合わせて11、10と4なら合わせて14です。「10といくつ」の考え方に慣れると、たし算の基礎力をつけることができます。

10より　おおきな　かず

がつ

にち

10 かぞえて ○で かこみましょう。のこりの かずを かぞえて、

□に すうじを かきましょう。

①

10と □ で

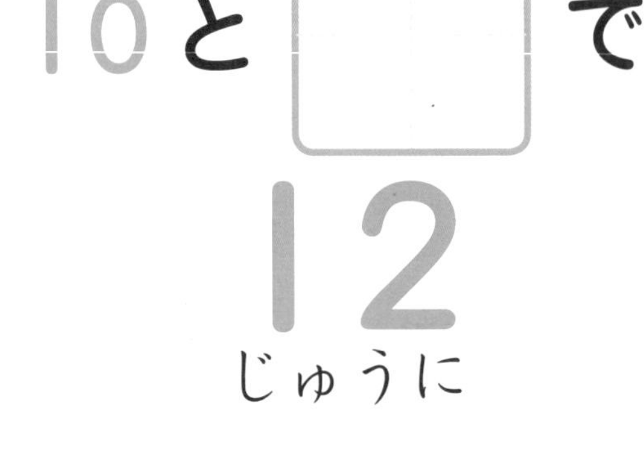

②

10と □ で

③

10と □ で

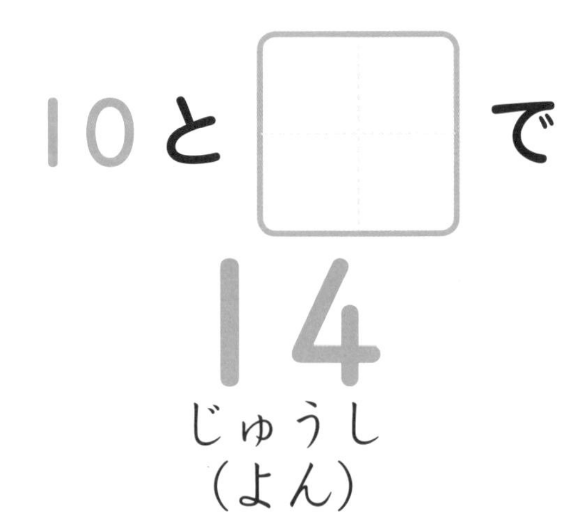

10より　おおきな　かず

がつ　にち

10 かぞえて ○で かこみましょう。のこりの かずを かぞえて、
□に すうじを かきましょう。

①

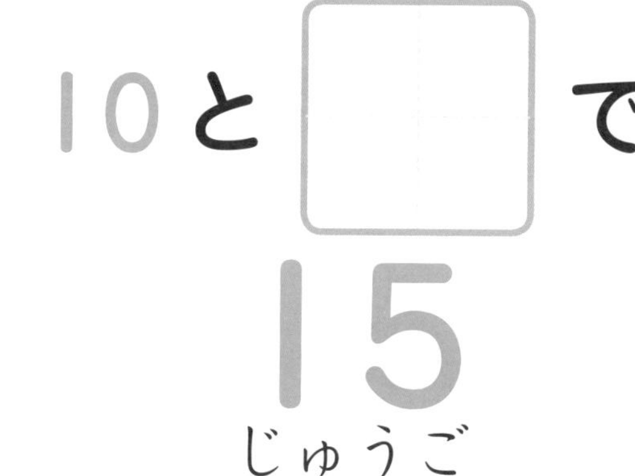

②

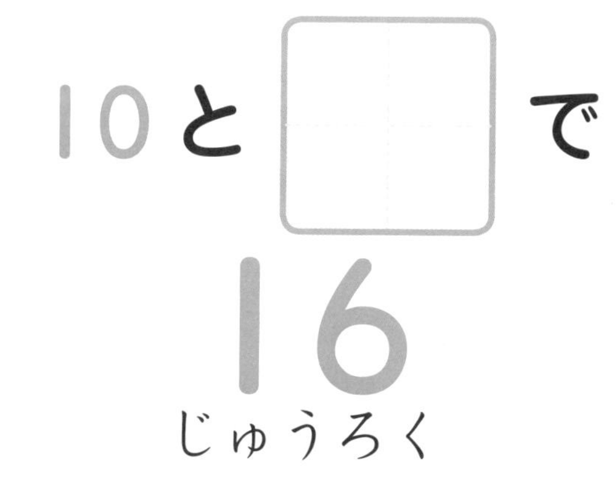

③

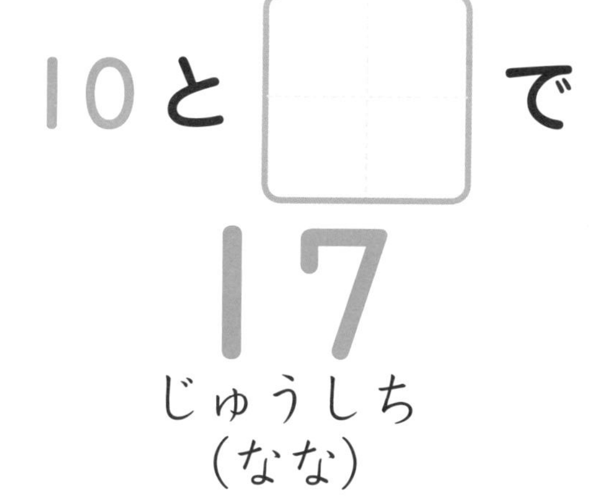

10より おおきな かず

がつ

にち

10 かぞえて ○で かこみましょう。のこりの かずを かぞえて、

□に すうじを かきましょう。

①

10と □ で

18
じゅうはち

②

10と □ で

19
じゅうきゅう
（く）

③

10と □ で

20
にじゅう

ステップ7 6

10より　おおきな　かず

がつ

にち

10　かぞえて、○で　かこみましょう。のこりの　かずを □ に、
ぜんぶの　かずを □ に　かきましょう。

①

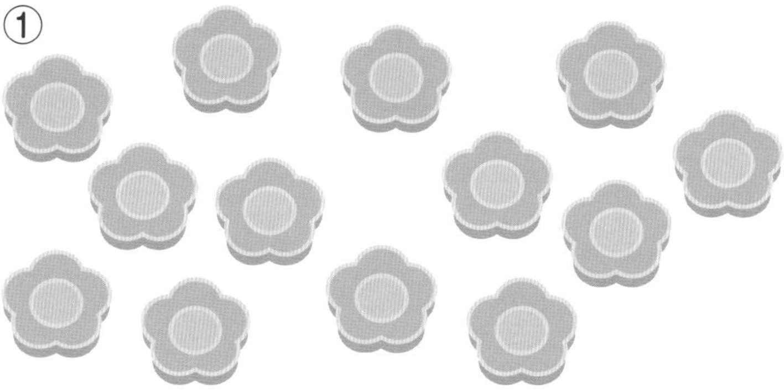

10と □ で □

②

10と □ で □

③

10と □ で □

④

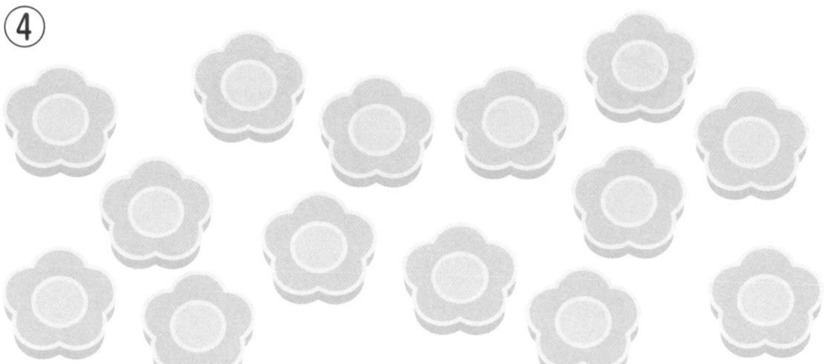

10と □ で □

7 10より　おおきな　かず

がつ　にち

10　かぞえて、○で　かこみましょう。のこりの　かずを □ に、ぜんぶの　かずを □ に　かきましょう。

①

②

③

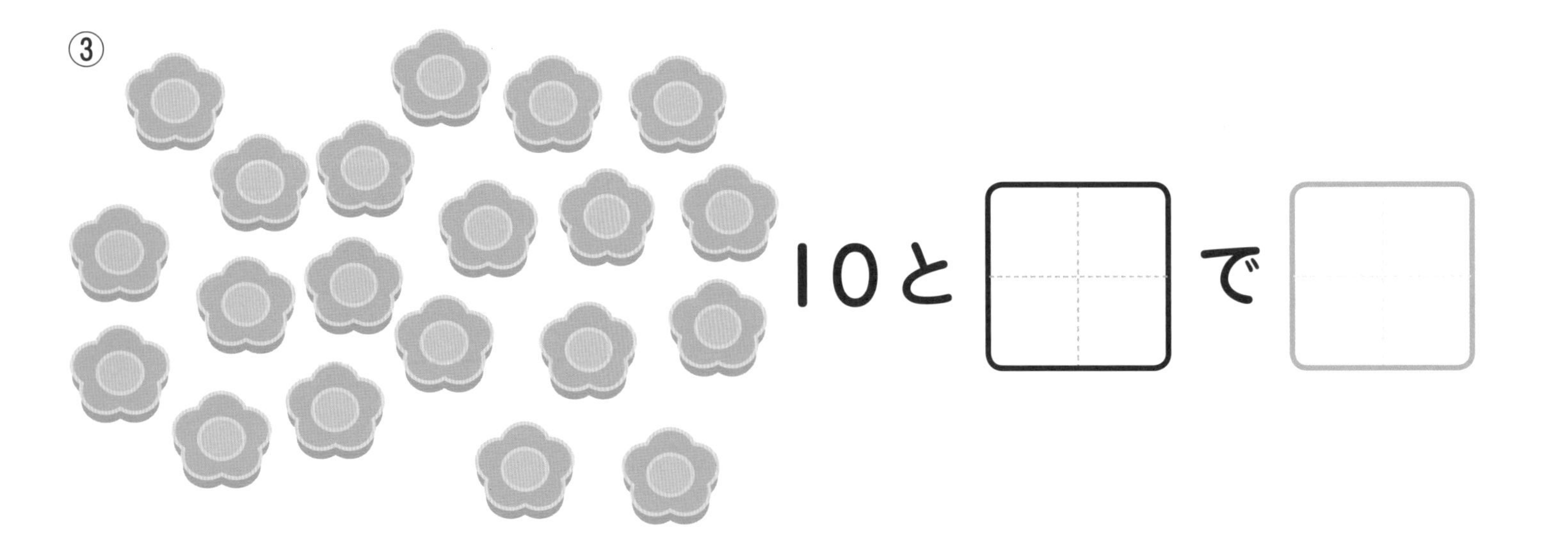

10より　おおきな　かず

がつ

にち

かずを　かぞえて、ただしい　すうじに　○を　つけましょう。

①

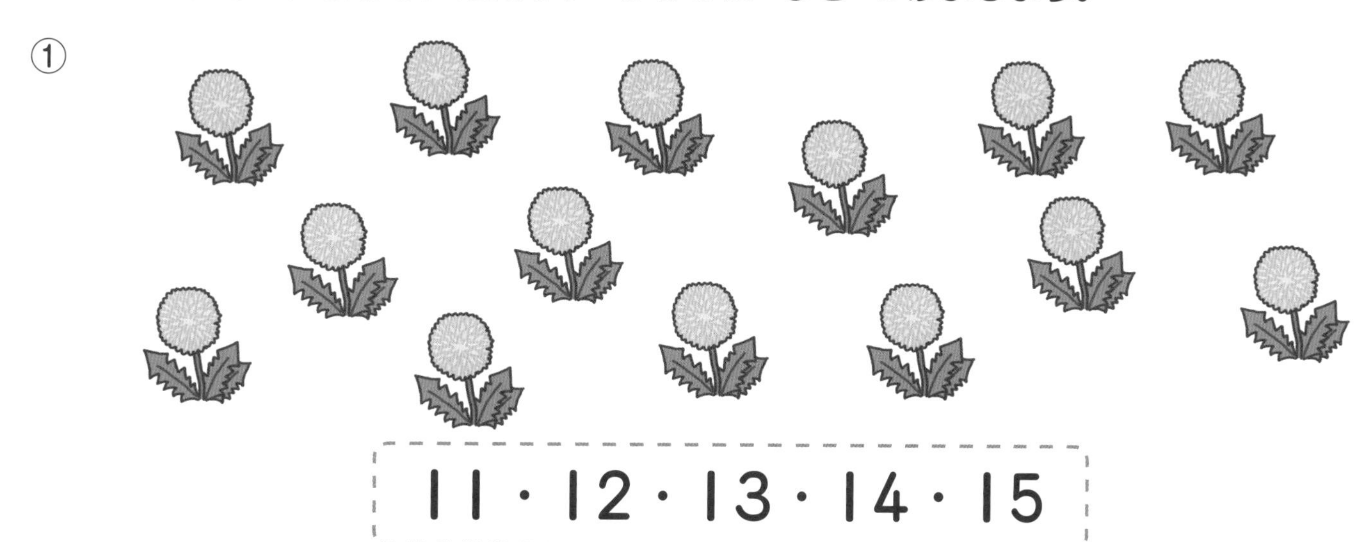

11・12・13・14・15

②

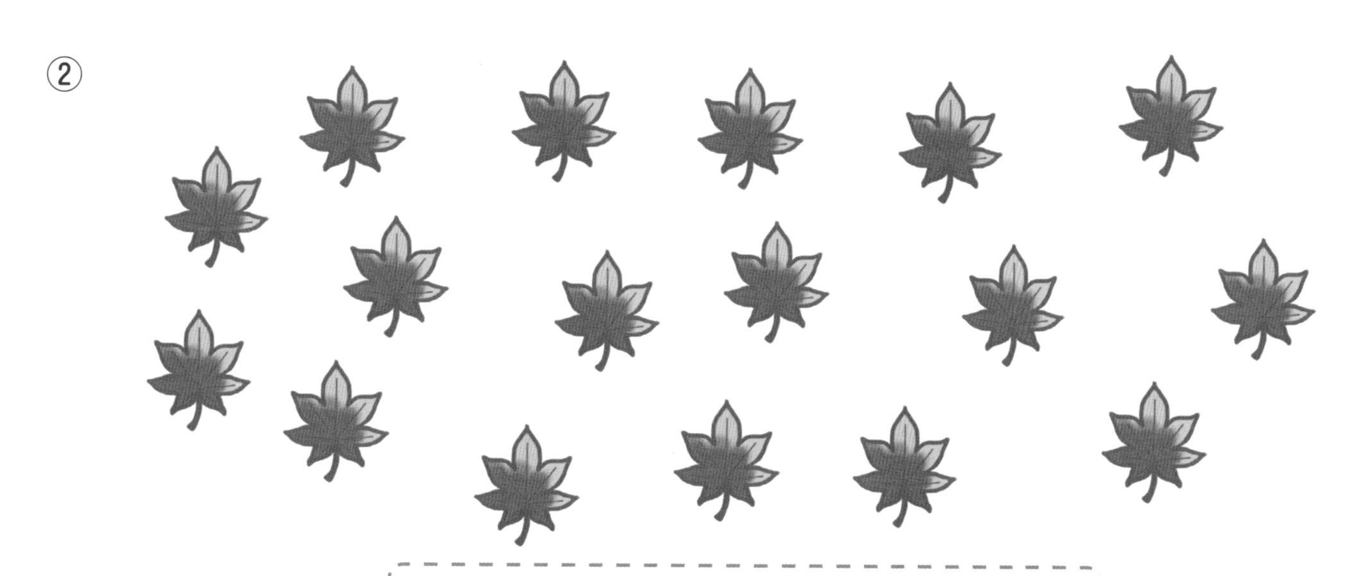

16・17・18・19・20

かぞえかたは　わかりますか。　まず
10　かぞえて　かこみましょう。

おうちの方へ

ステップ7同様、10より大きな数の数え方を練習します。10より大きな数を「10といくつ」と捉えることで、20より大きな数の学習をするときにも、42ならば、「10が4こと2で42」と考えられるようになります。今のうちにしっかり練習しておきましょう。

10より　おおきな　かず

がつ
にち

かずを　かぞえて、ただしい　すうじに　○を　つけましょう。

①

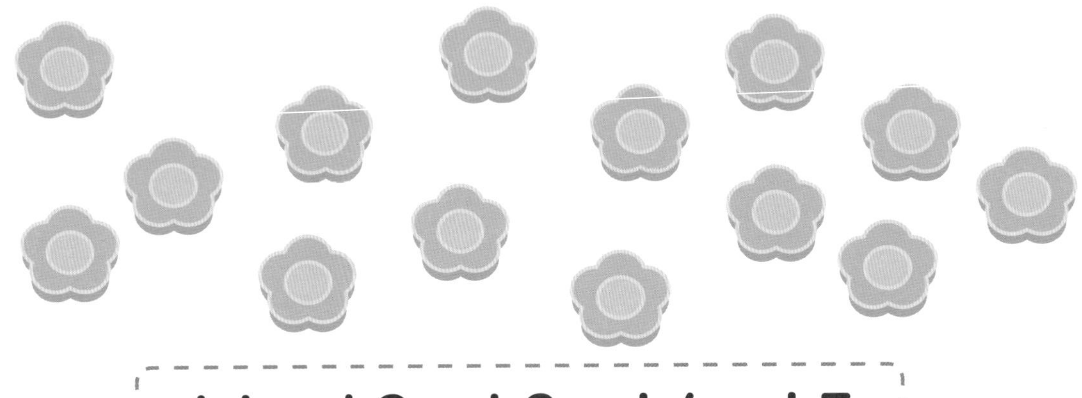

11・12・13・14・15

②

16・17・18・19・20

③

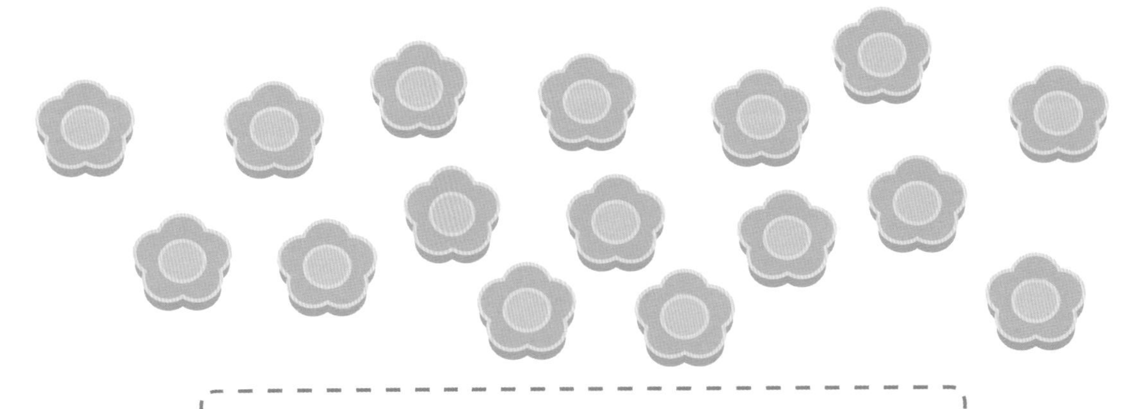

14・15・16・17・18

10より　おおきな　かず

がつ　にち

1から　11まで　じゅんに　すうじが　ならんで　います。
あいて　いる □ に　すうじを　かきましょう。

1　□　3

□　5　□

□　□　9

10　□

おうちの方へ　数の並び順を正しく書けるかどうかを確かめる問題です。単に1から20までを最初から順に数えられるだけでなく、空いているますに当てはまる数を考えて答えられるようになりましょう。1の次は2、3の次は4、5の次は6です。

10より　おおきな　かず

がつ　にち

11から 20まで じゅんに すうじが ならんで います。 あいて いる □ に すうじを かきましょう。

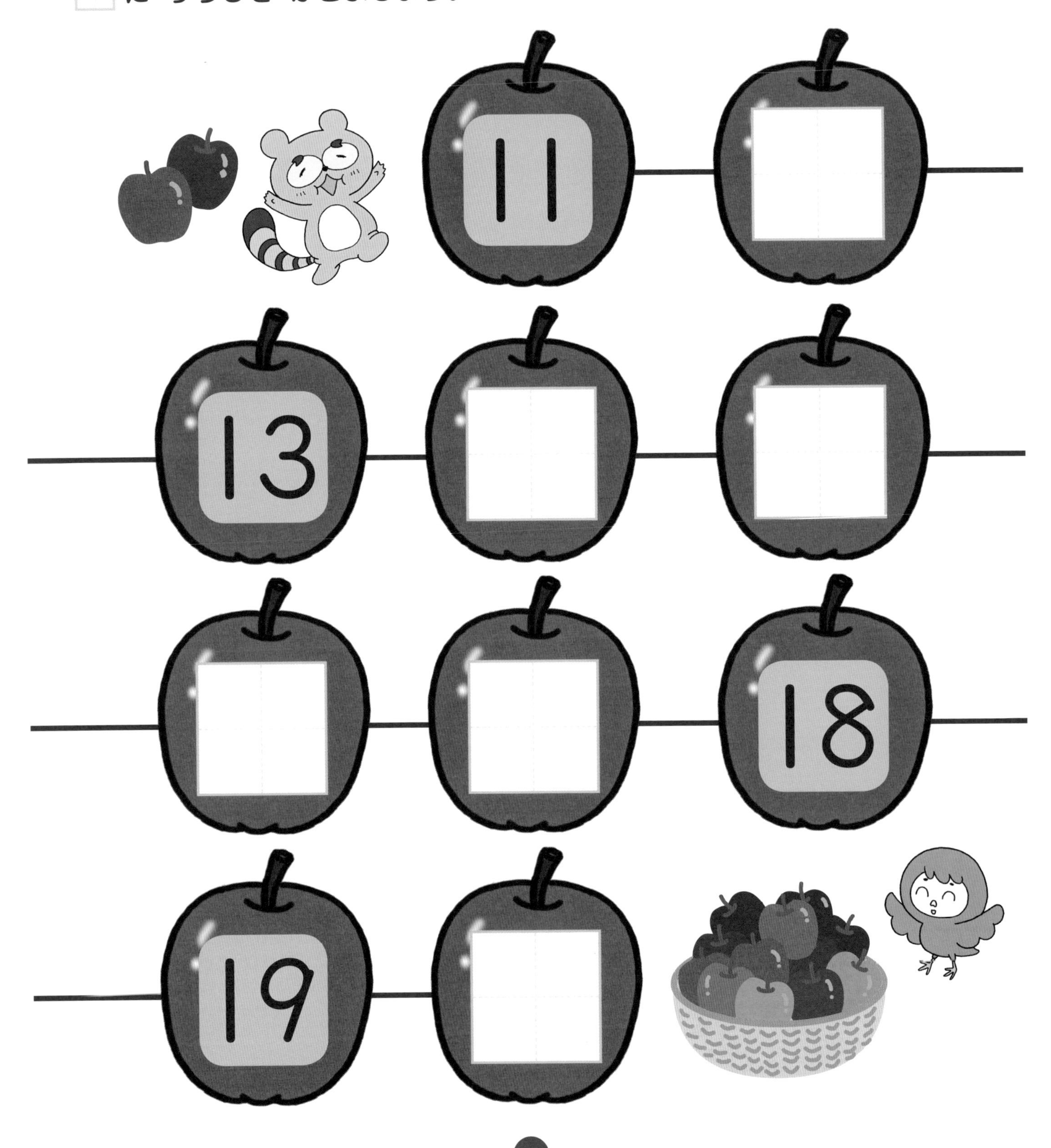

めいろ③

がつ

にち

みちに　どんぐりが　２０こ　おちて　いるよ。
かぞえながら　ゴール（ごうる）まで　いこう。

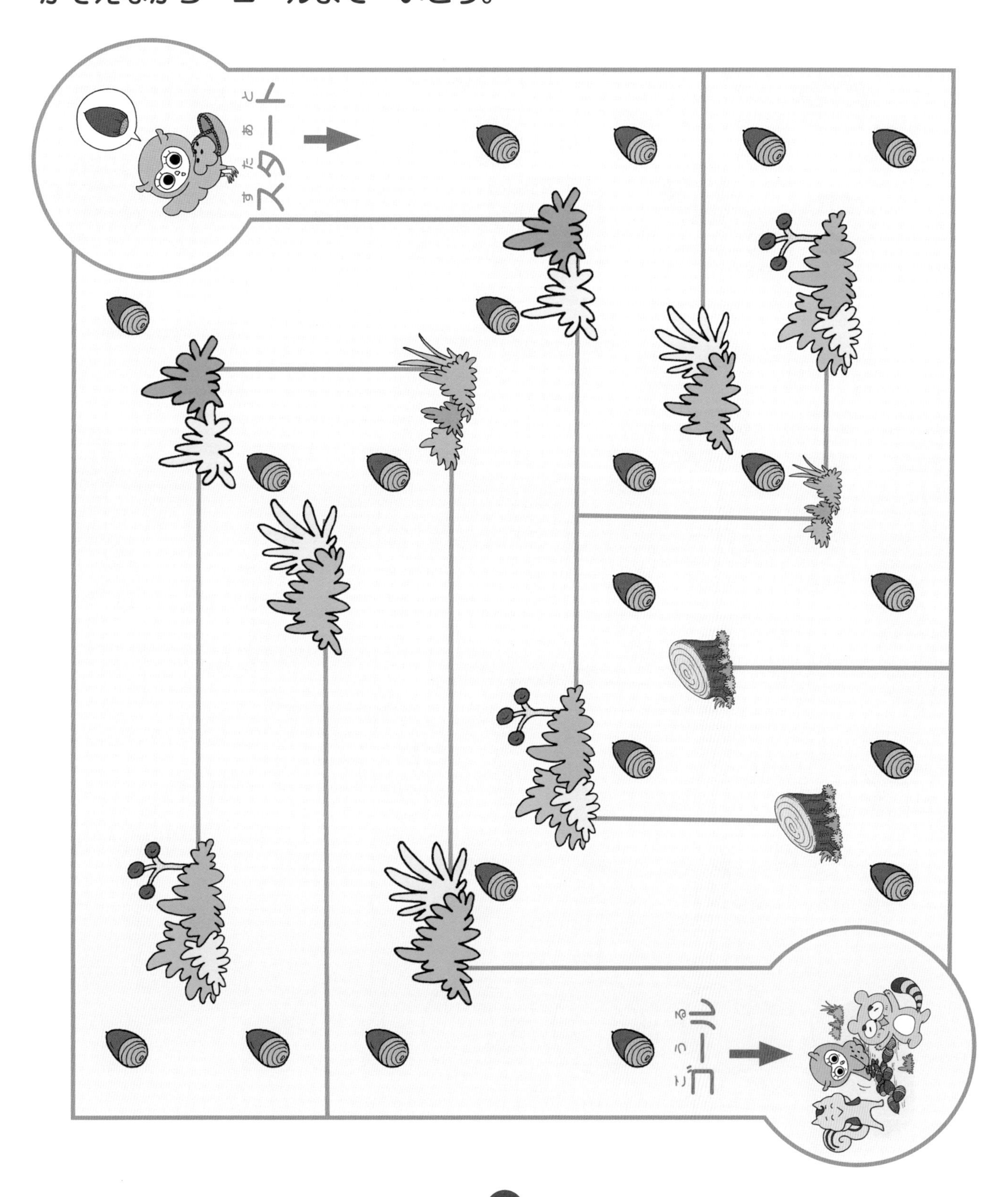

どちらが　おおいかな

がつ　にち

ノンタ、あんパンか　メロンパン、
すきな　ほうを　ぜんぶ　あげるわ。

あんパンに　しなよ。いちばん
すきなんだろ。

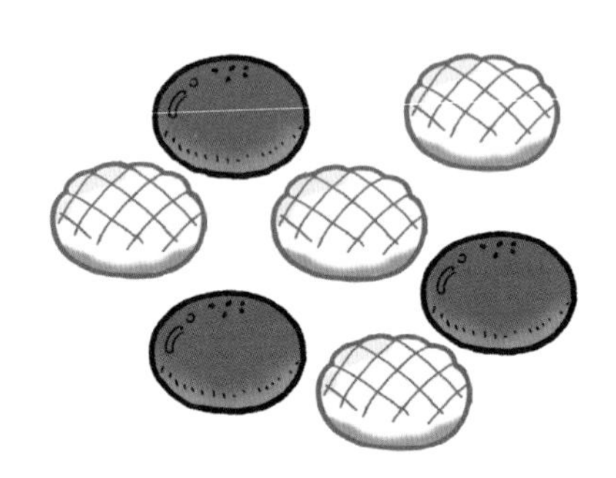

うーん、そうなんだけど。
たくさん　たべたいから　かずの
おおい　ほうが　いいな。
どっちだろう。

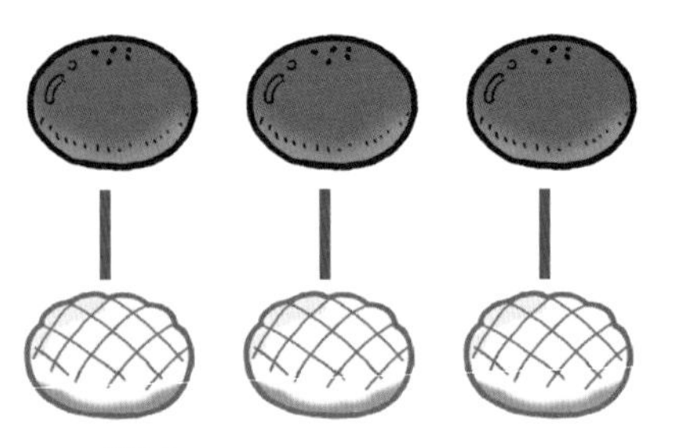

パンを　よこに　ならべて　みて。
わかりやすいわよ。

ほんとうだ。メロンパンの
ほうが　おおいって　わかるね。

どちらが　おおいか　くらべる　ときは　１こずつ
せんで　つなぐと　わかりますよ。

**どちらが　おおいですか。おおい　ほうの　□　に　○を
つけましょう。**

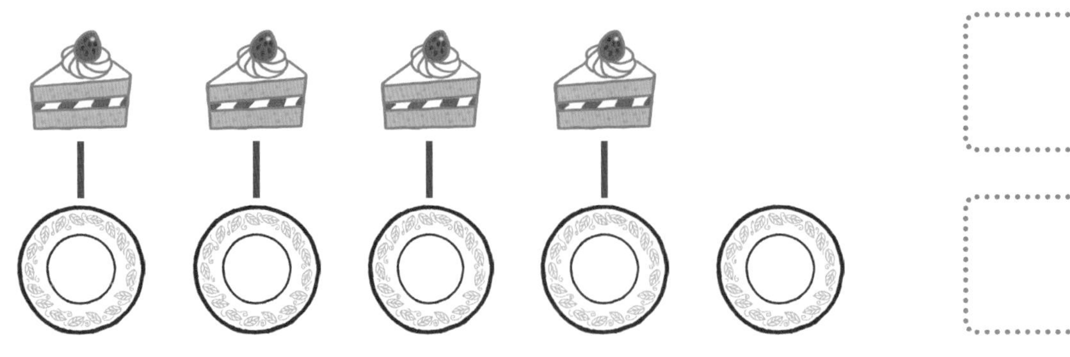

おうちの方へ

２種類の具体物の数を比べる練習です。まずは多い、少ないがあることを理解しましょう。そして、「どちらが多いか」を判断できるようにします。数を比べるときは、それぞれを１列に並べて線で結びます（１対１対応といいます）。こうすることで、「どちらが(いくつ)多い、(少ない)」を比べられるようになります。数だけでなく、ものを整理して比べることは、今後いろいろな場面で出てきます。今のうちから慣れておきましょう。

どちらが　おおいかな

がつ
にち

せんで　つないで、　かずを　くらべましょう。
かずが　おおい　ほうの　[　]　に　○を　つけましょう。

①

②

③

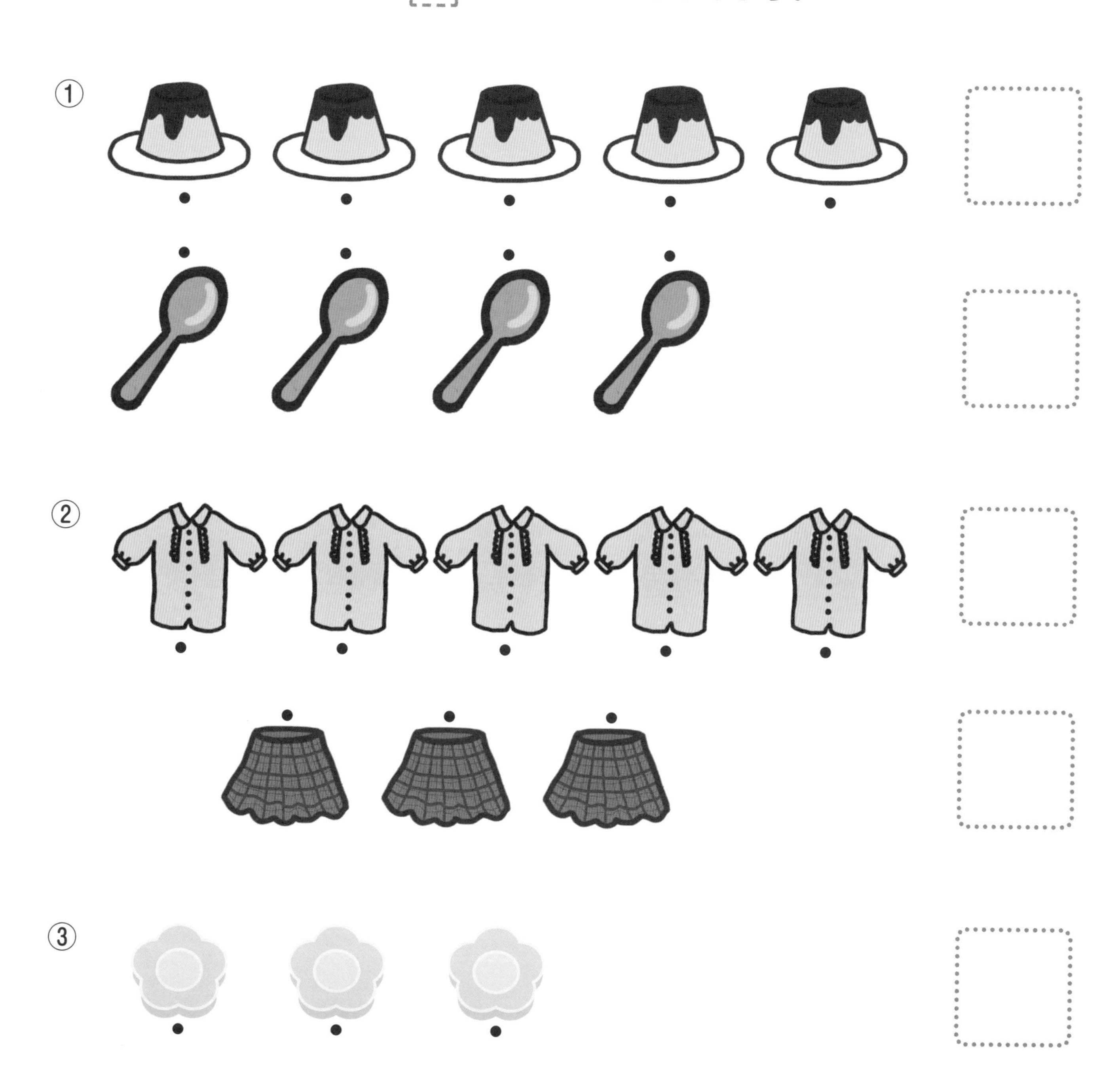

どちらが　おおいかな

がつ
にち

かずを　くらべて、 おおい　ほうの ⬚ に ○を　つけましょう。

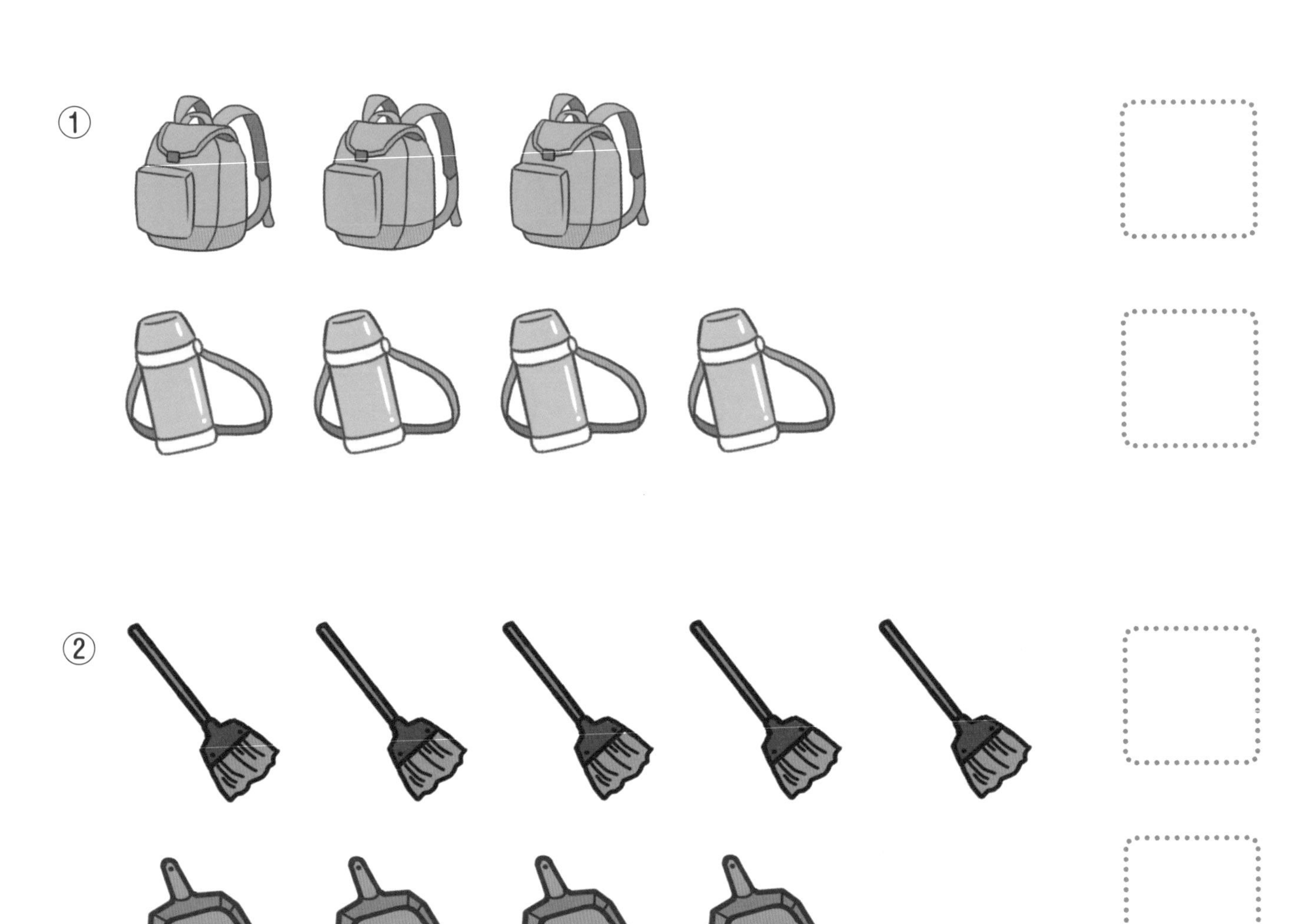

どちらが　おおいかな

がつ

にち

せんで　つないで、かずを　くらべましょう。
おおい　ほうを　○で　かこみましょう。

①

②

おうちの方へ

ステップ９の続きで、ものの数を比べる練習です。とまどわずにできるようになれば、「(どちらが) いくつ多いかな。」と質問して、数の違いを認識できるようになるとよいでしょう。

どちらが　おおいかな

がつ
にち

せんで　つないで、　かずを　くらべましょう。
おおい　ほうを　○で　かこみましょう。

①

②

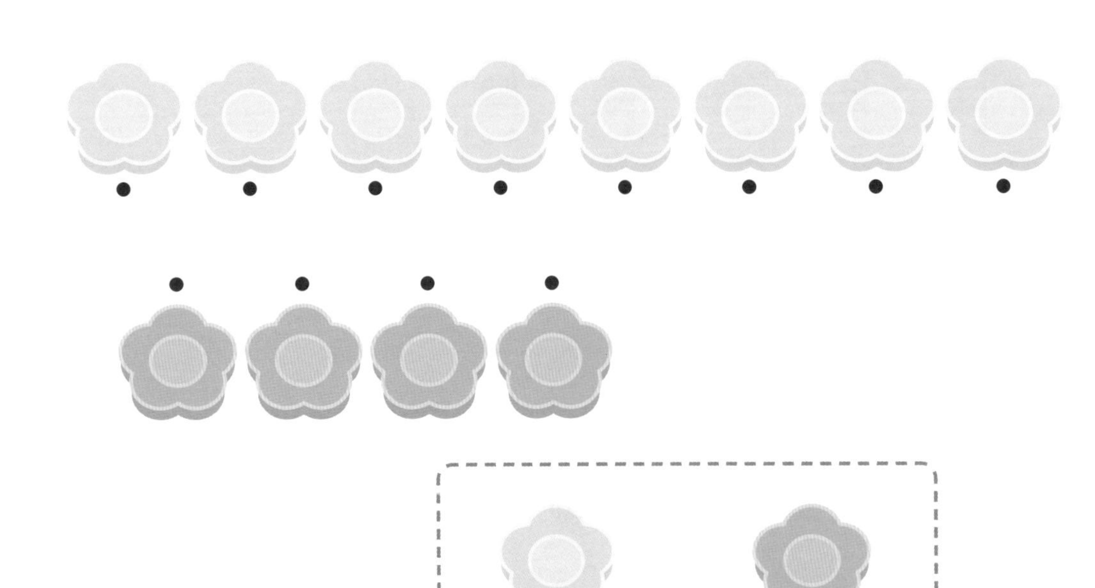

どちらが　おおいかな

がつ

にち

かずを　くらべて、 おおい　ほうを　○で　かこみましょう。

①

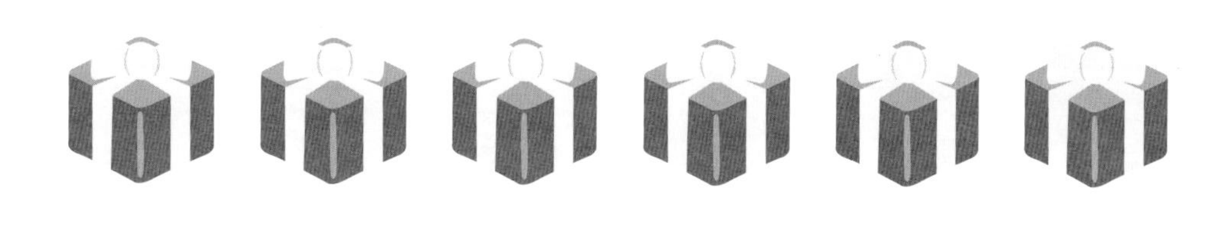

②

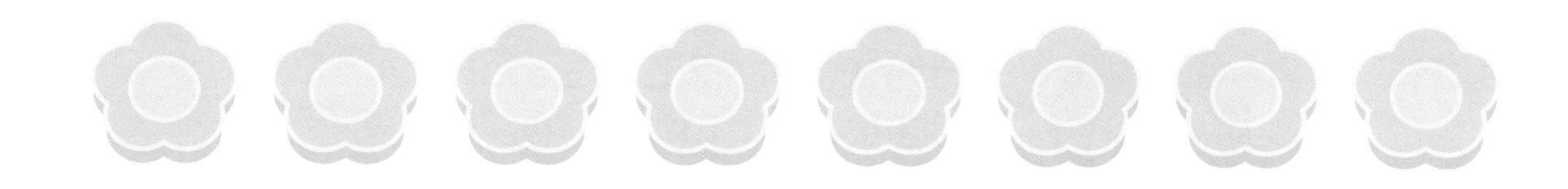

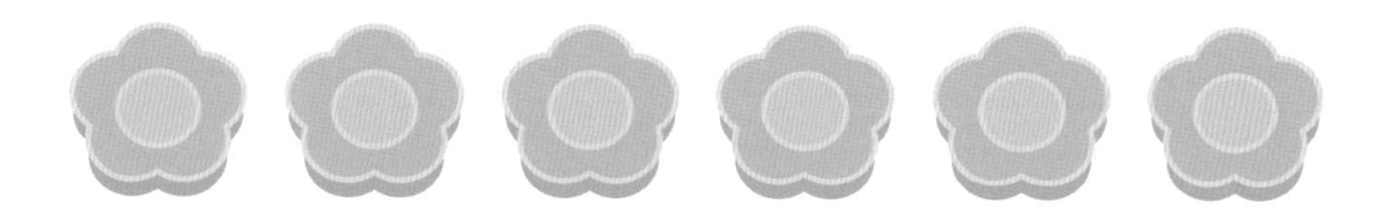

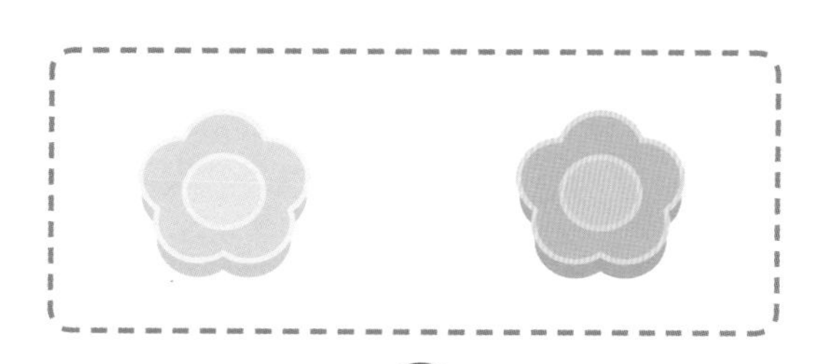

なんて　かぞえるのかな

がつ
にち

これは　2だね。
ぼく、いえで　きんぎょを
2　かって　いるよ。

ビッキー、その　いいかたは
おかしいわよ。2ひきって
いわないと。

あんパンなら
2こだ。

がようしなら
2まいね。

きんぎょは　2ことも
2まいとも　いわないね。

ものの　かずを　いう　ときには　うしろに
「ひき」「こ」「まい」の　ような　ことばが
つきます。その　ことばは、ものに　よって
きまって　います。ただしく　おぼえましょう。

おうちの方へ

ものの数え方を学習します。「1個」や「1枚」など、ものには助数詞を付けて数えます。まずは日常的に使われる助数詞を知り、どんなものにどの助数詞を使うのか、少しずつ覚えていきましょう。小学校の算数で文章題に答えるときにも助数詞が必要になります。語彙力をつけることにもつながるので、普段の生活の中でも「これは何と数えるの？」などと練習するようにしましょう。

なんて　かぞえるのかな

がつ
にち

かずを　かぞえて、 ただしい　ものを　○で　かこみましょう。

①

4 ほん
5 ほん
5 わ

②

7 ひき
8 にん
8 ひき

③

7 まい
7 さつ
8 まい

なんて　かぞえるのかな

がつ

にち

「～だい」と　かぞえる　ものは　○で、「～わ」と　かぞえる　ものは　□で　かこみましょう。

なんて　かぞえるのかな

がつ

にち

「〜まい」と　かぞえる　ものは　○で、「〜ひき」と　かぞえる　ものは　□で　かこみましょう。

おうちの方へ

動物に付く助数詞には「匹」と「頭」があります。一般的には大きな動物のときに「頭」を使います。象、カバ、キリン、馬、牛、豚などです。また、犬も大型犬は「頭」と数えます。しかしながら、「匹」と「頭」の使い分けは曖昧で、混在しているのが現状です。今の段階では、動物の数え方には「匹」と「頭」があることが理解できれば十分です。もし、お子さんに違いを尋ねられたら、先のことを説明してあげてください。

なんて　かぞえるのかな

がつ　にち

ぼく、きのう　おつかいで
2ほん　かって　きたよ。

ノンタが　たのまれた　ものって
なんだろう？

あんパンも　トマトも　「こ」って
かぞえるから　にんじんよ。

かぞえた　かずの　うしろの　ことばで
なにを　かぞえたのか　わかるわね。

「1わ」と　かぞえる　ものは　どれですか。○で
かこみましょう。

おうちの方へ

ものを数えるときは助数詞を付けて数えます。そして、ものによって付く助数詞が決まっています。逆にいうと、助数詞が付くことで何を数えているのか、ある程度判断できます。抽象的な数字の２が、助数詞が付き「２本」と数えられると、具体になります。助数詞を学習することで、「具体・抽象」という論理的な思考力を養うことができるのです。

なんて　かぞえるのかな

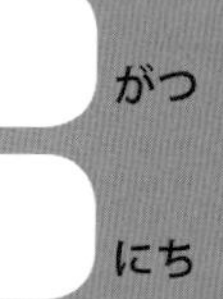

どの □の　ことを　いって　いますか。ただしい　ものに　○を
つけましょう。

めいろ④

がつ にち

「とう」と　かぞえる　ものと　「ほん」と　かぞえる　ものを
かわりばんこに　たどりましょう。

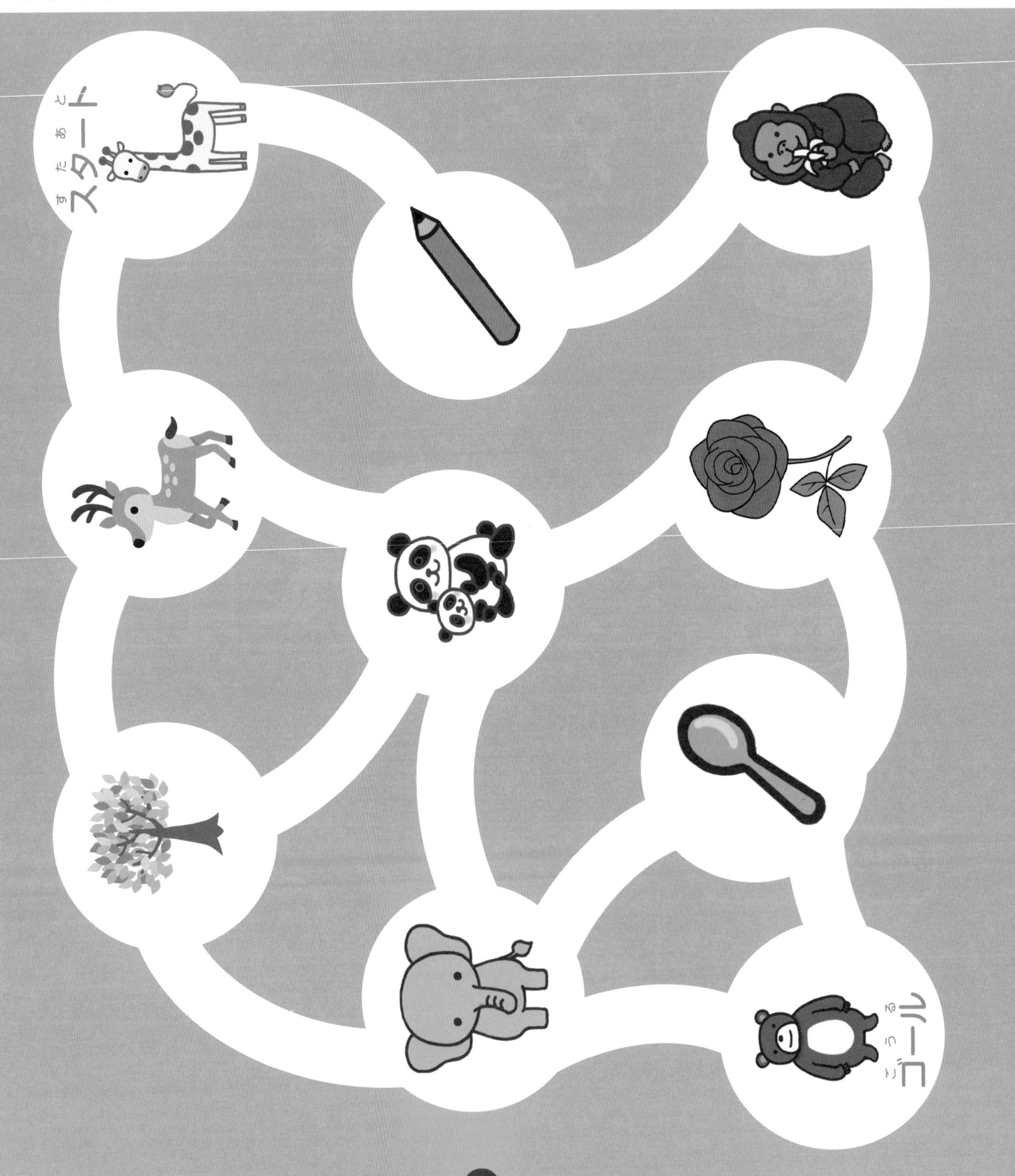

どんな かずが でて くるかな

がつ

にち

すなばで　ミチコちゃんが　どろだんごを　４こ　つくりました。
となりで　トオルくんは　３こ　つくりました。トオルくんが「あわせて
７こだね。」と　いいました。
すると、ミチコちゃんが「あと　３こ　つくりましょうよ。」と　いいました。
「そうか、　そうすれば　ちょうど　１０こに　なるのか。」
トオルくんは　うなずきながら　バケツを　もって　どろだんごを　つくる
つちを　いれに　いきました。

おはなしに　でて　きた　かずの　すうじを　じゅんばんに　かきましょう。

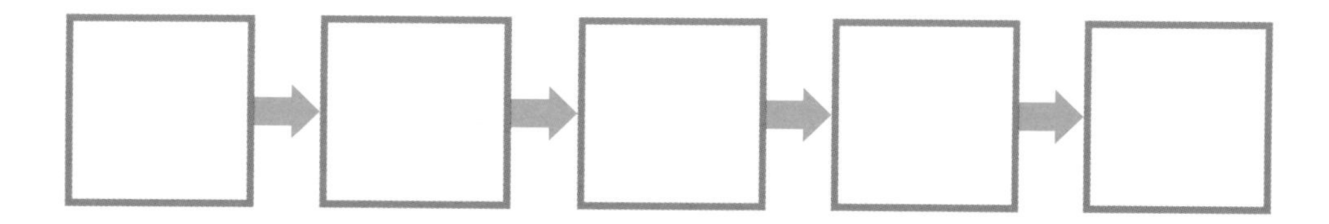

おうちの方へ

文章の中に出てきた数を答える問題です。文章を読むとき（聞くとき）、どのような数が出てきたかに注意して、それを抜き出せるようになることが目的です。これは文章題を解くとき、必要な要素を判断して正しい式を立てる力をつけることにつながります。今の段階では、数を抜き出せれば十分ですが、繰り返し取り組むならば、数がどのように増えたり減ったりしているのかも考えて答えられるようになるとよいでしょう。

ステップ⑫ 2

どんな かずが でて くるかな

がつ　にち

ノンタは　おかあさんと　パンやさんに　いきました。
「ぼくは　あんパンが　いい！」
ノンタは　あんパンを　５こ　とりました。
おかあさんは「おとうさんは　カレーパンが　いいかしら。」と　いって、
カレーパンを　２こ　とりました。
パンやさんの　おじさんが「みんなで　７こだね。」と　いいながら、パンを
ふくろに　いれて　くれました。
「いえに　かえったら　あんパンを　３こ　たべるんだ。」
ノンタは　うれしそうに　わらいました。
「のこりの　パンが　４こに　なって　しまうけど　しょうがないわね。」
ノンタの　おかあさんは　やさしく　いいました。

おはなしに　でて　きた　かずの　すうじを　じゅんばんに　かきましょう。

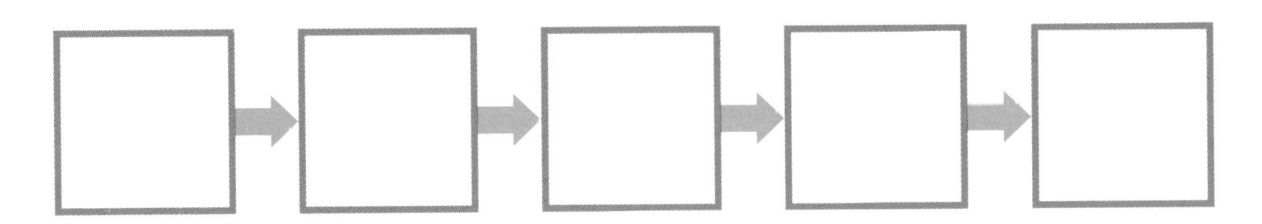

どんな　かずが　でて　くるかな

がつ　　にち

フクちゃんは　こうえんへ　むしを　つかまえに　いきました。
「きょうは　たくさんの　むしを　つかまえるんだ。」と　いって、セミを　2ひき　つかまえ、むしかごに　いれました。
つぎに　チョウを　3びき　つかまえて　むしかごに　いれました。
「これで、5ひき　つかまえたのか。もう　すこし、つかまえたいな。」と　いって、さらに　バッタを　4ひき　つかまえました。
「きょうは　ぜんぶで　9ひきも　むしを　つかまえる　ことが　できた。」
そう　いって、フクちゃんは　よろこびました。

おはなしに　でて　きた　すうじに　○を　つけましょう。

2	3	4	5	7	8	9

どんな かずが でて くるかな

がつ　にち

リンダは　えを　かく　ことが　だいすきです。
だから、なつやすみの　あいだに　10まいの　えを　かきました。
その　なかの　2まいを　おかあさんと　おとうさんに　プレゼント　しました。
さらに　のこった　8まいの　なかから　5まいを　えらび、もりの　がっこうの
みんなに　プレゼント　しました。
みんなが　よろこんで　くれて　うれしかったので、のこった　3まいの　えを
じぶんの　へやに　かざりながら、もう　いちど　えを　かいて、みんなに
プレゼント　しようと　おもいました。

おはなしに　でて　きた　すうじに　○を　つけましょう。

1　2　3　5　6　7　8　10

ステップ⑫
5
どんな かずが でて くるかな

がつ　にち

みんなで たからさがしに いく ことに なりました。
ビッキーは シャベルを 1ぽん、フクちゃんも 1ぽん、ノンタは つるはしを 1ぽん
もちました。「これで ほるものは 3ぼんだね。」と フクちゃんが いいました。
ミミちゃんは たからを いれる ふくろを 1まい、リンダも 1まい もちました。
「ふくろは 2まいよ。」と リンダが いいました。
ところが たからを さがす うち、みちに まよって しまいました。
「どうしよう。」
みんなが こまって いると まほうつかいの おじいさんが あらわれました。
「もって いる あんパン 5この うち、3こ くれたら、たからの ばしょを
おしえて あげるよ。」と、ノンタを ゆびさしました。
「あんパンなんて もって きたの？」
みんなは びっくり しました。
「いやだよ。のこりが 2こに なっちゃうよ。」と、ノンタは なきだしましたが、
しょうがないので おじいさんに あんパンを あげました。
おしえて もらった ばしょに いき、たからを ほりだすと、たからばこから
あんパン 3こと いっしょに てがみが でて きました。
『かわいそうだから、かえして あげるよ。』
「どういう こと？」と いって、みんなが うしろを ふりかえると、リンゴせんせいが
わらいながら たって いました。

おはなしに でて きた かずの すうじを じゅんばんに かきましょう。

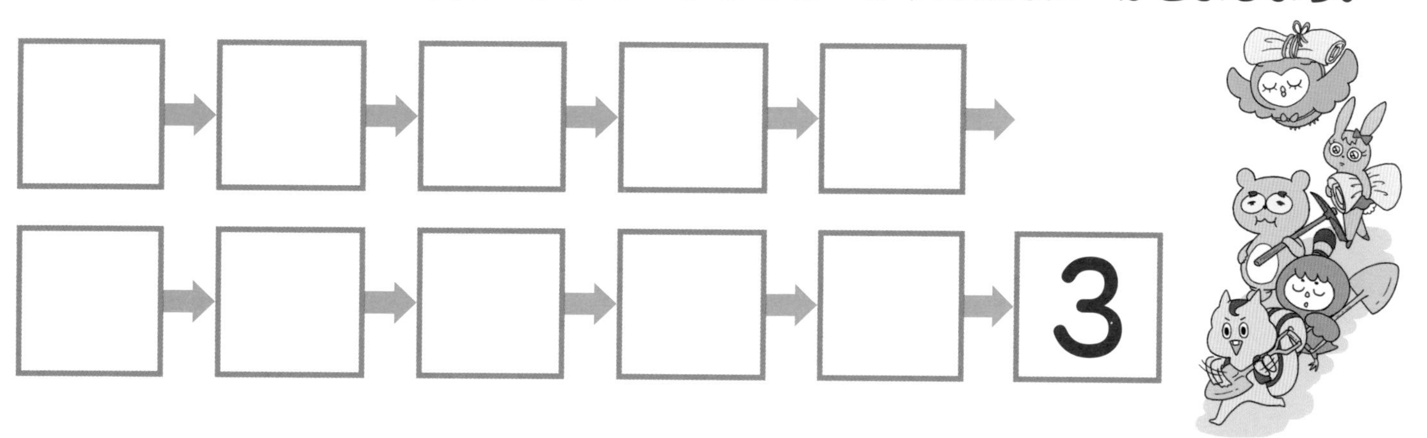

ステップ⑫

6 どんな かずが でて くるかな

がつ　にち

トオルくんと　ミチコちゃんは、ぬりえを　して　あそぶ　ことに　しました。
ぬりえは　ぜんぶで　10まい　ありました。
「わたし、たくさん　ぬりたいから　7まい　ちょうだい。」
ミチコちゃんが　いいました。
「ずるいよ。そう　したら、ぼくのは　3まいに　なっちゃうじゃ　ないか。」
トオルくんは　くちを　とがらせました。
「じゃあ、5まいずつに　しましょう。」と　ミチコちゃんが　いいました。
ふたりは　なかよく　いっしょに　ぬりえを　して　いましたが、トオルくんは　あっと　いう　まに　ぜんぶ　ぬって　しまいました。
「あれっ、もう　ないや？　ぼく、もっと　ぬりたかったのに。ミチコちゃんのを　ちょうだいよ。」
「いやよ。これは　わたしのよ。」と　ミチコちゃんは　くれませんでした。
すると、トオルくんが　ミチコちゃんの　ぬりえを　かってに　とろうと　したので、トオルくんの　おかあさんが　あわてて　4まい　だして　くれました。
「わーい、これで　ぜんぶで　9まい　ぬったぞ。」
トオルくんが　ぬった　ぬりえを　みて　ミチコちゃんが　あきれて　いいました。
「それ、ぬりえって、いわないわ。」
トオルくんの　ぬりえは　クレヨンで　ぐちゃぐちゃに　ぬりつぶされて　いたのです。

おはなしに　でて　きた　すうじに　○を　つけましょう。

1　3　4　5　6　7　9　10

すうじの　ひょうを　つくろう

がつ　にち

●の　かずを　かぞえて □に　すうじを　かきましょう。

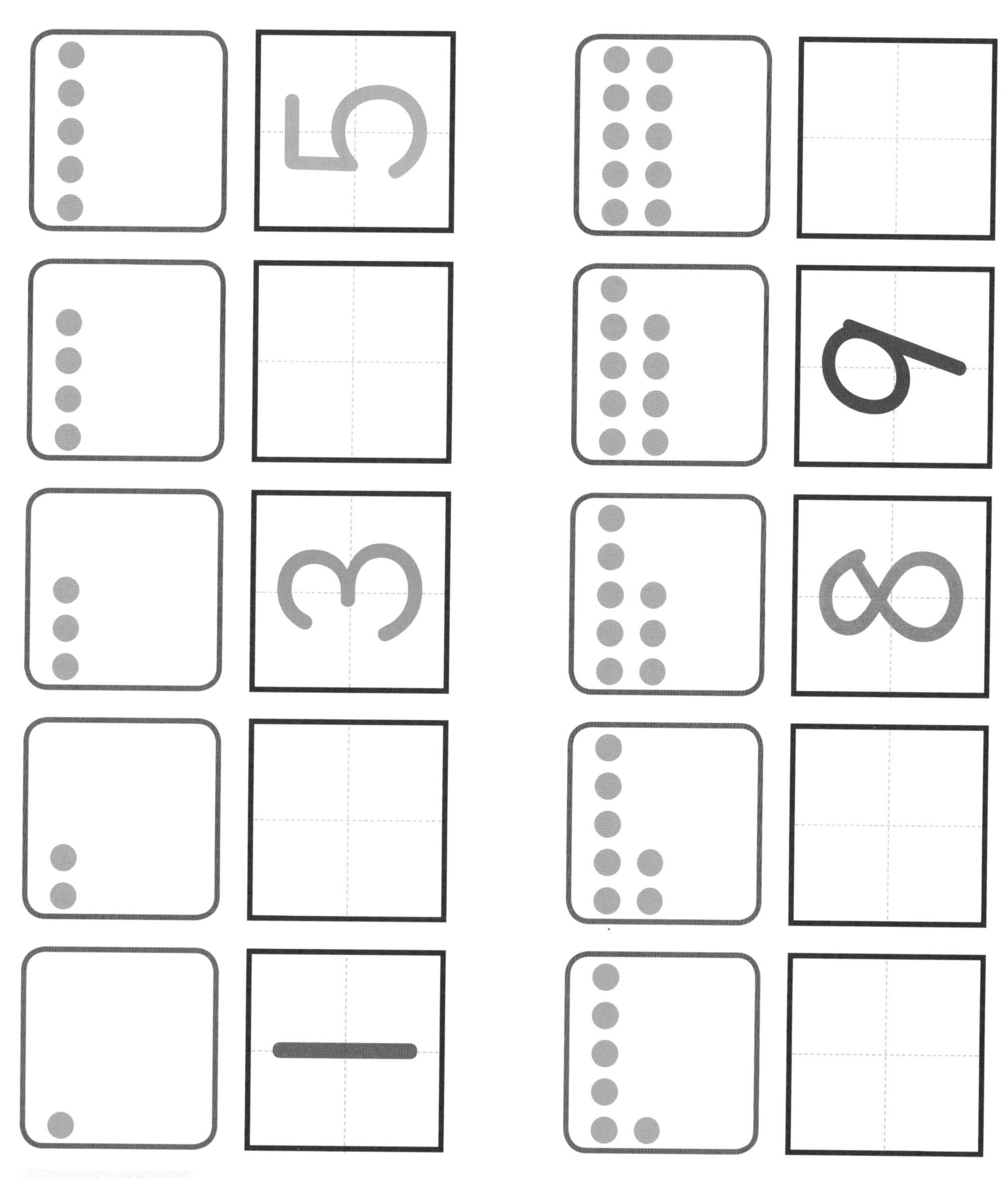

おうちの方へ

２０までの数を自分で書く練習です。数字は書き順や形に気をつけて、正しく書くようにしましょう。また、数字の上にあるドット(●●)の数と数字が頭の中で一致するようになるまで、何度も表を見ながら数唱するようにしましょう。表が完成したら、切り取って貼り、数唱の練習をくり返しましょう。

すうじの　ひょうを　つくろう

がつ　にち

●の　かずを　かぞえて　□に　すうじを　かきましょう。

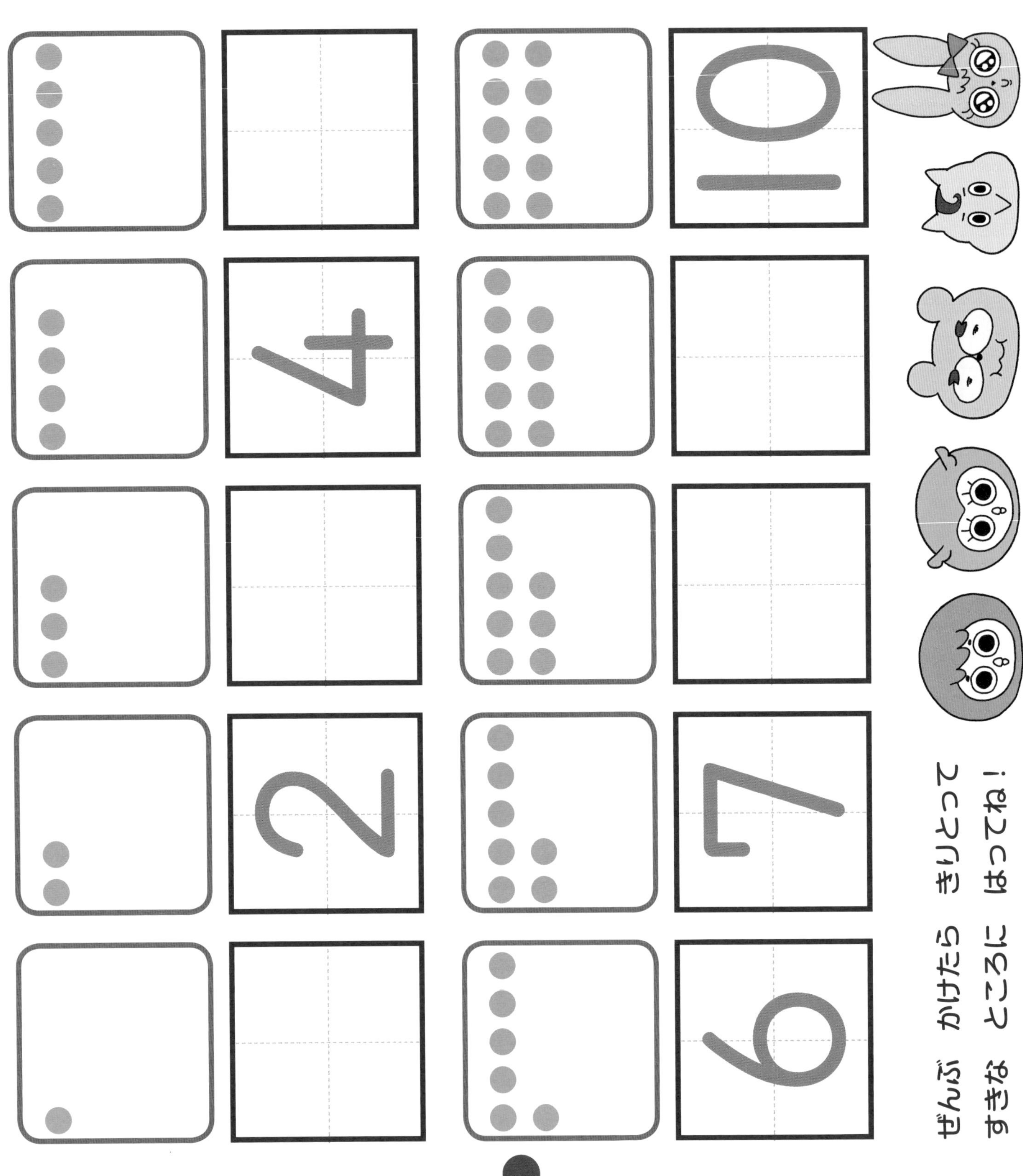

すうじの　ひょうを　つくろう

がつ

にち

●と ●の　かずを　かぞえて □に　すうじを　かきましょう。

すうじの　ひょうを　つくろう

がつ　にち

●と　●の　かずを　かぞえて　□に　すうじを　かきましょう。

めいろ⑤

がつ
にち

たからさがしに　きたよ。10 より　おおきな　かずだけを　えらんで
ゴールまで　いこう。

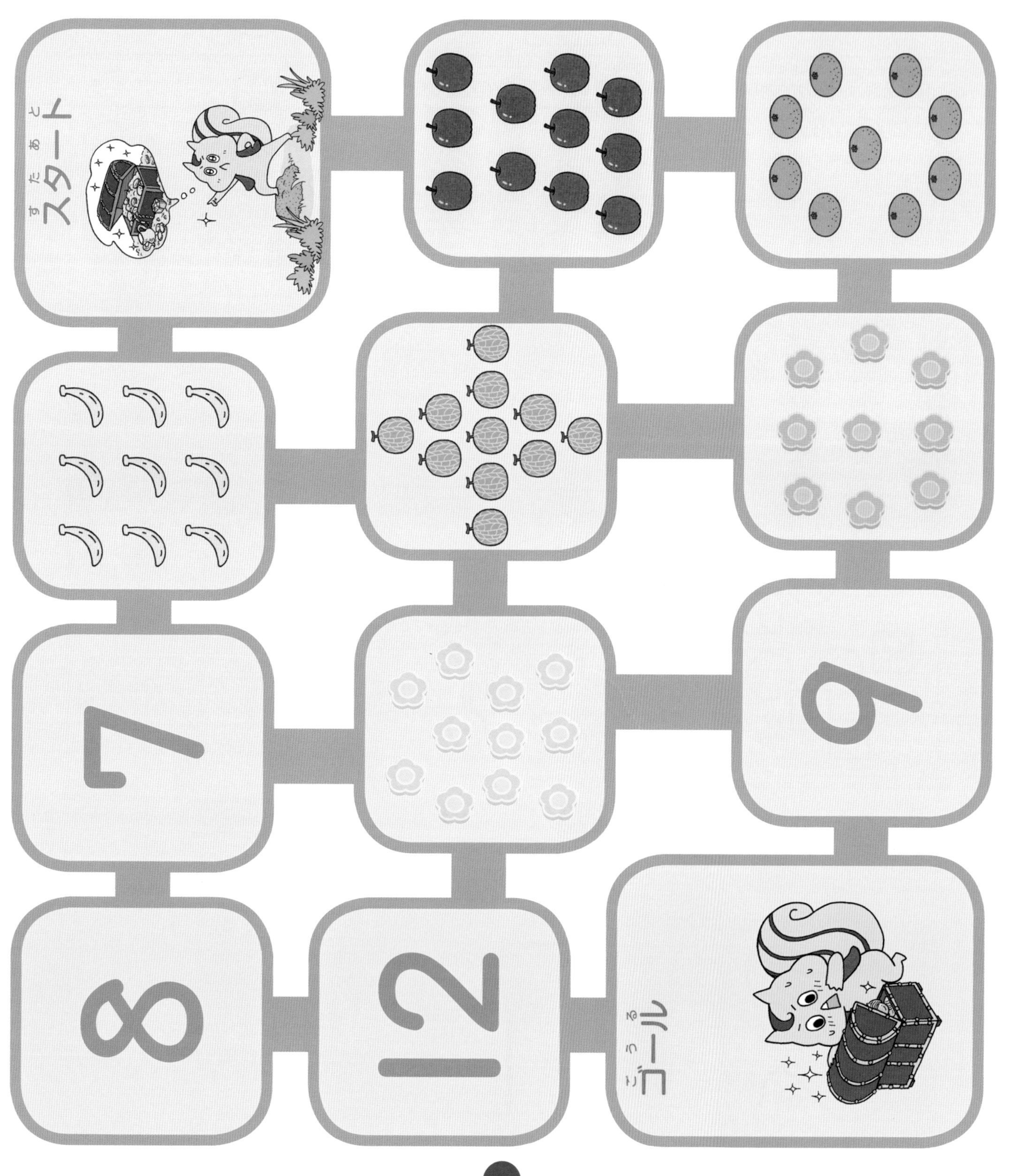

こたえあわせ

35 ページのこたえ

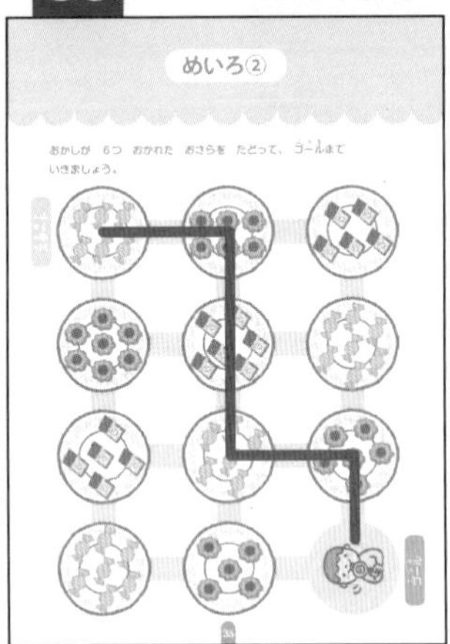

49 ページのこたえ

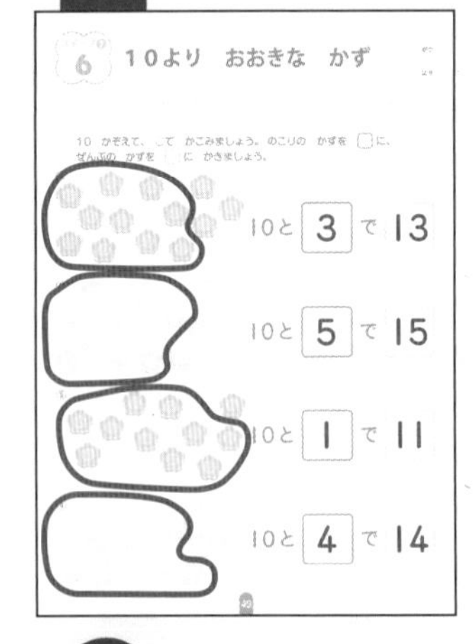

50 ページのこたえ

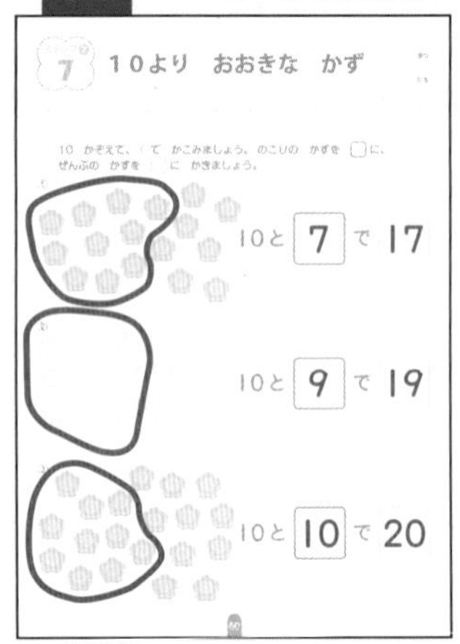

※囲み方は、例です。

51 ページのこたえ

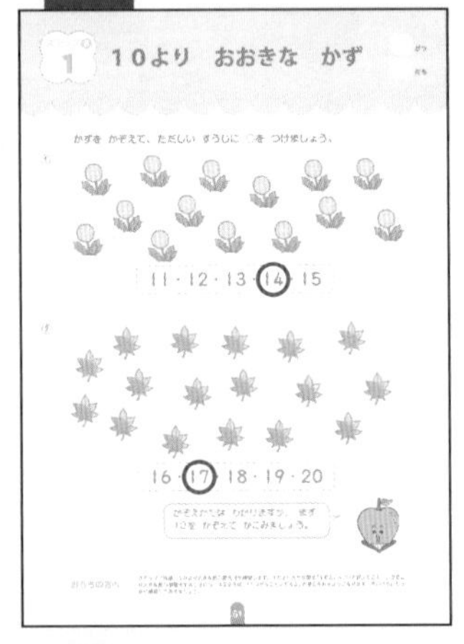

52 ページのこたえ

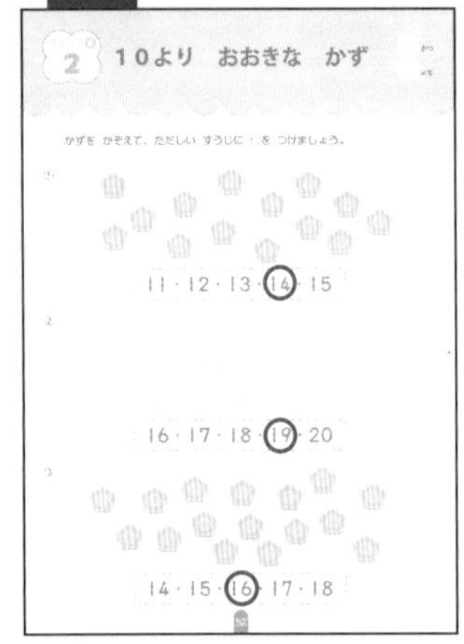

63 ページのこたえ

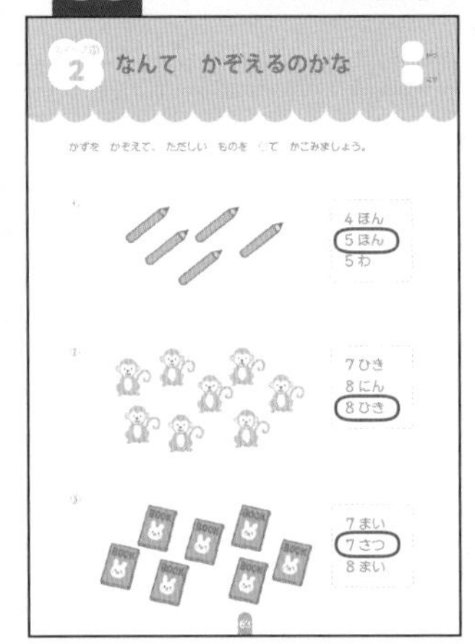

64 ページのこたえ

65 ページのこたえ

67 ページのこたえ

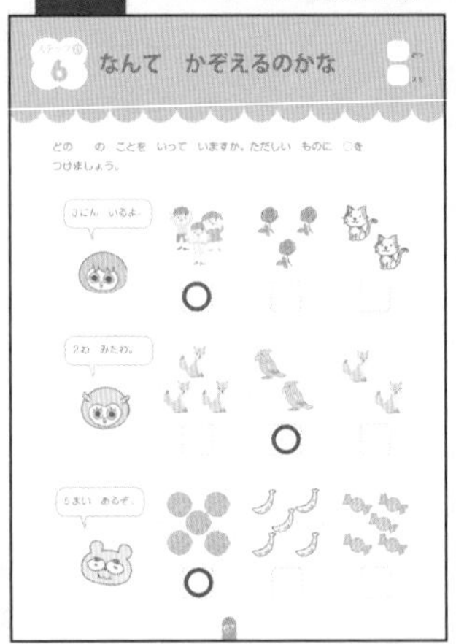

68 ページのこたえ

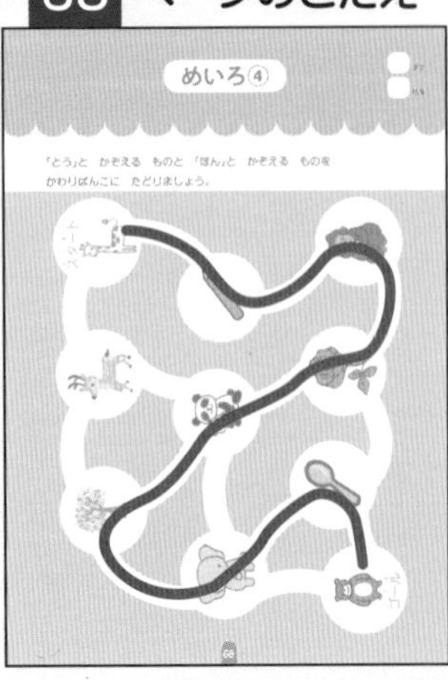

79 ページのこたえ

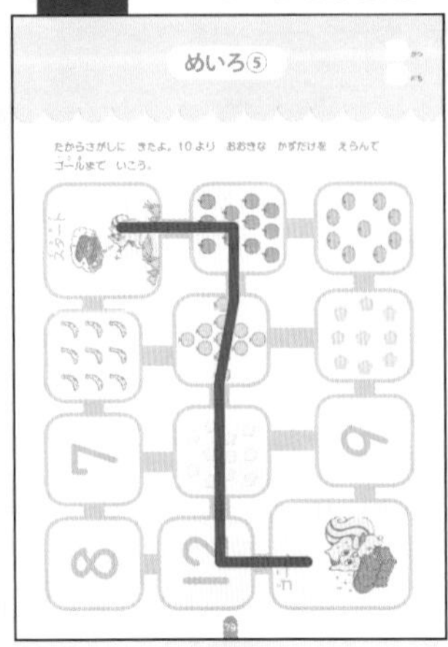

69 ～ 74 ページのこたえ

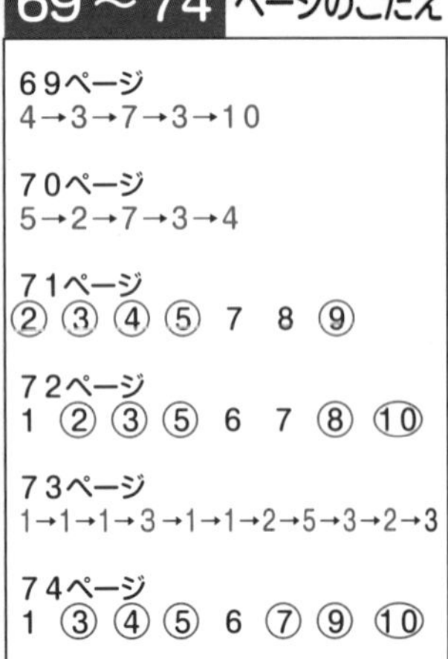

69ページ
4→3→7→3→10

70ページ
5→2→7→3→4

71ページ
② ③ ④ ⑤ 7 8 ⑨

72ページ
1 ② ③ ⑤ 6 7 ⑧ ⑩

73ページ
1→1→1→3→1→1→2→5→3→2→3

74ページ
1 ③ ④ ⑤ 6 ⑦ ⑨ ⑩